JN216098

たくさがわ先生が教える
パソコン超入門
Windows 10＆エクセル＆ワード 対応版
技術評論社

本書を手に取られたあなたへ

パソコンを楽しみながらマスターする、第一歩が本書です。

おかげさまで、20冊目の著書を皆様にお届けすることになりました。

この本は、私のパソコンインストラクションの経験を元に、
実話（?）に基づいて物語としてまとめたものです。

実話の中のどんこやこまちは、ローマ字を基本から覚えたり、
80歳ではじめてパソコンに触れる方だったり、
何事にも楽しく前向きに挑戦する方々です。

皆、最初は不安でした。
なかなか覚えられないと悩んでしまうことも少なくないはずです。

しかし、そんな方々が夢中になって続けられるのは、
パソコン自体の操作ができたことではなく、向上する喜びと、
有意義で潤いのある毎日を送るという目的があるからです。

本書には、そんな毎日を送るための創意工夫が各所に
凝らしてあります。ぺらぺらと表面的に読む本ではなく、
1字1句丁寧に、ゆっくり深く感じ取ることで、
あなたに、すばらしい喜びと感動をもたらしてくれるよう
楽しさを詰め込みました。

本書を手に取った時点で、あなたを変える何かが、もう始まっています。
感動に満ちた人生を歩み出しましょう。

最後に本書の執筆にあたりお世話になりました株式会社技術評論社及び編集担当の大和田洋平さんに深く感謝いたします。才能に溢れ、プロフェッショナルと呼べる人たちと本書を生み出せたことを非常に嬉しく思います。また出版するまでの印刷、製本、販売に関係していただいたすべての方に感謝いたします。

主な登場（犬）人物　紹介

せんせい

8 月 29 日生まれ
人（雑種）・男
好きな言葉：感謝

どんこさん

3 月 11 日生まれ
犬（雑種）・女の子
好きな食べ物：チーズ

こまち

11月16日生まれ
犬（チワワ）・食いしん坊
好きなこと：散歩

おじさん

頑固者。
パソコンはほとんど触れたことがない。
わからないことがあると息子に聞くが、
不機嫌に答えられる。トホホ。

5
ただいまー
あら、また図書館に行っていたの？
何か届いていたわよ。
6
なんだ…パソコンじゃないか！

7
う〜ん、でも取扱説明書が入っていないなぁ。
8
ん？
本？

9
ぺらぺら
10
うわーっ
ピカッ

続きは第1章へ！

たくさがわ先生が教えるパソコン超入門

CONTENTS

第1章　パソコンを始めよう　11

第2章　マウスを使ってアプリを起動しよう　33

第3章　インターネットを楽しもう　63

第5章　エクセルで計算表を作成しよう　115

第6章　パソコンをもっと便利に活用しよう　139

● 対象

本書はWindows 10搭載のパソコンを対象としています。

● 免責

掲載されている操作手順などの実行の結果、万が一障害が発生しても、技術評論社および筆者は一切の責任を負いません。

● 内容について

本書記載の情報は、2017年3月現在のものを記載しています。ご利用時には変更されている場合もあります。パソコンやアプリ、ホームページの機能やデザインは変更される場合があり、本書での説明とは機能、内容、画面図などが異なってしまっている場合があります。

以上の注意事項をご承諾いただいた上で、本書をご利用ください。これらの注意事項をお読みいただかずに、お問い合わせいただいても、技術評論社および筆者は対処しかねます。あらかじめご承知ください。

本文中に記載されている会社名、製品名などは、それぞれの会社の商標、登録商標、商品名です。
なお、本文中に™マーク、®マークは明記しておりません。

第1章

パソコンを始めよう

理解したら✓チェックしよう！

- □ パソコンで何ができるか知っている
- □ どんなパソコンを買えばよいかわかる
- □ パソコンの各部名称がわかる
- □ パソコンの電源をつけられる
- □ パソコンの電源を切ることができる

01 パソコンを始めよう!

Windows 10は利用者数がもっとも多くなる可能性のあるOSです。どんなことができるのでしょうか?どんこさんと一緒にわくわくスタートです!

キーワード

- □ Windows 10
- □ OS
- □ 基本ソフト

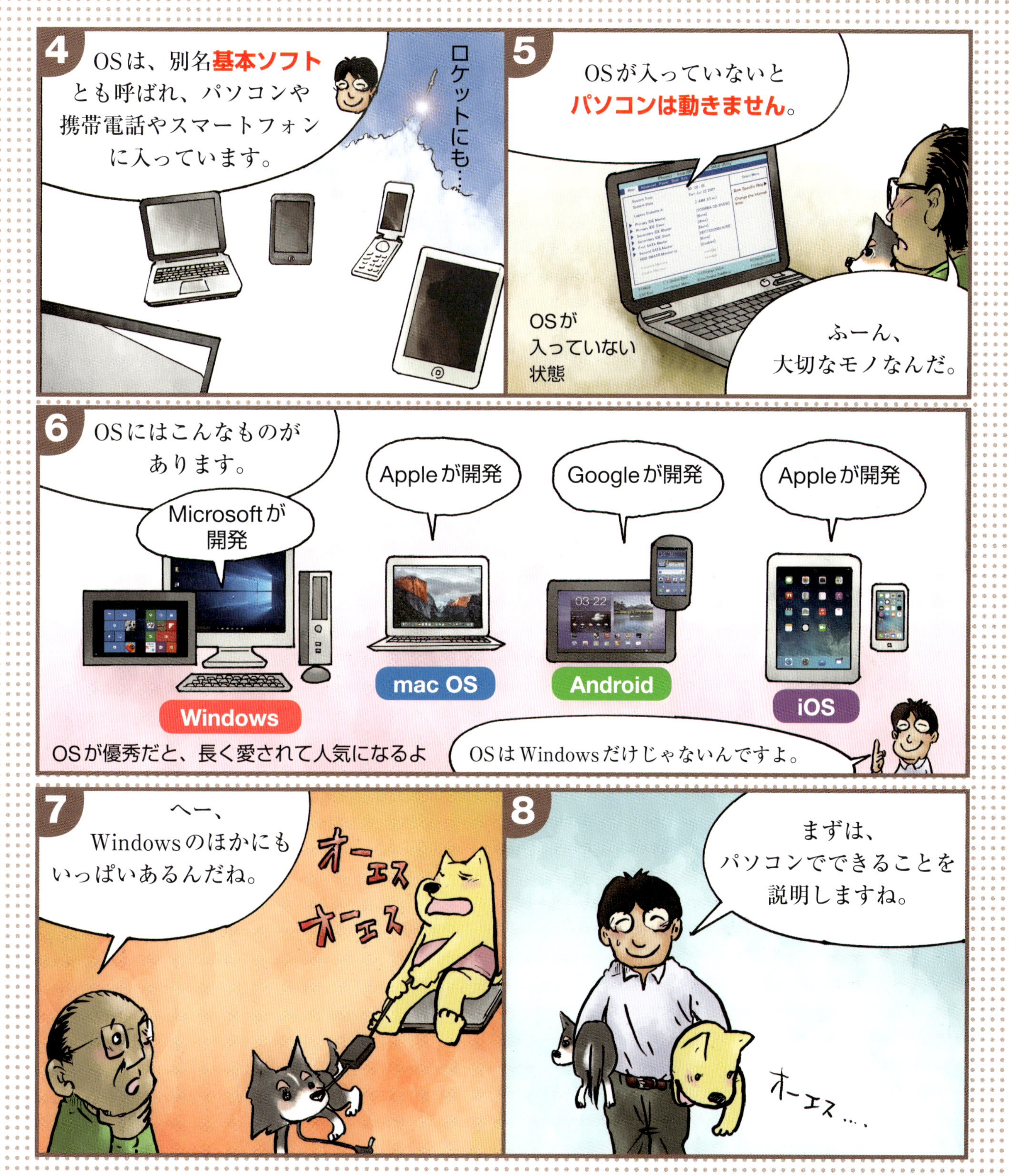
4
OSは、別名基本ソフトとも呼ばれ、パソコンや携帯電話やスマートフォンに入っています。
ロケットにも…
5
OSが入っていないとパソコンは動きません。
OSが入っていない状態
ふーん、大切なモノなんだ。
6
OSにはこんなものがあります。
Microsoftが開発
Appleが開発
Googleが開発
Appleが開発
Windows
mac OS
Android
iOS
OSが優秀だと、長く愛されて人気になるよ
OSはWindowsだけじゃないんですよ。
7
へー、Windowsのほかにもいっぱいあるんだね。
オーエス
オーエス
8
まずは、パソコンでできることを説明しますね。
オーエス….

02 パソコンで何ができる?

パソコンを使うと、普段の生活や仕事で役に立つことがいっぱいあります。パソコンが得意なことと、そのために必要なアプリを確認してみましょう。

キーワード
- □ パソコンでできること
- □ アプリ

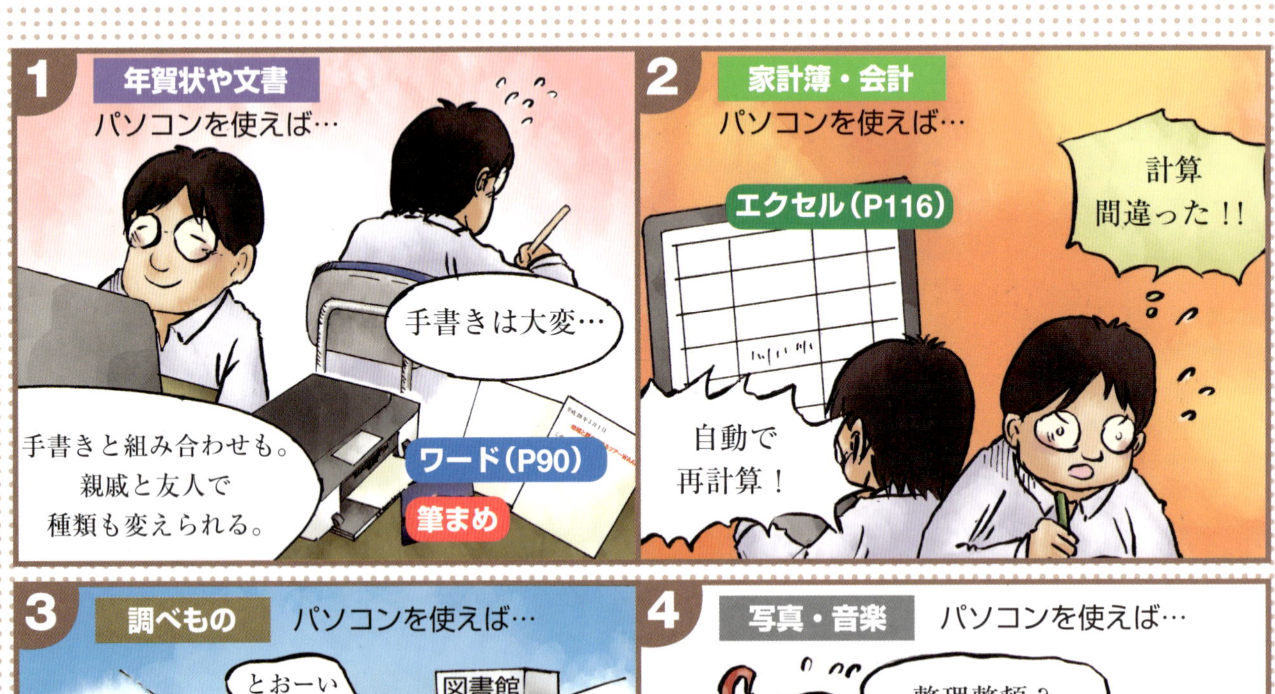

03 パソコンを上手に買おう

パソコンの買い方には、コツがあります。家電量販店の店員さんに話を聞いて、相談に乗ってもらいながら選びましょう。

キーワード
- □ 買い方のコツ
- □ 家電店
- □ 保証

04 パソコンの種類

パソコンは好みや使い方で選びましょう。持ち運びをしたいならノートパソコンやタブレット。テレビやAV機器のように使いたいならデスクトップやボード型がよいです。

キーワード
□ デスクトップ
□ ノートパソコン
□ タブレットパソコン

●パソコンの種類

ノートパソコン

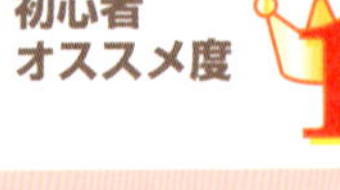

初心者オススメ度 1

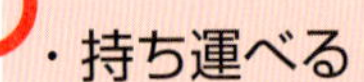

○
・持ち運べる
・場所を取らない
・配線がラク

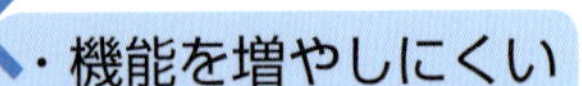

×
・機能を増やしにくい

A4サイズで折りたため、価格も安い。
設定やトラブル時に、持ち込んで対処できる。

ボードパソコン

初心者オススメ度 2

○
・移動できる
・映像を見るときにキーボードが邪魔にならない

×
・機能を増やしにくい
・外出先では利用できない

ノートとデスクトップのよいところをあわせ持つ。**テレビとしても**使える。

デスクトップパソコン

初心者オススメ度 3

○
・部品交換がしやすい
・高性能(ハイスペック)にできる

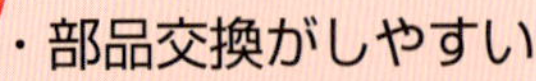

×
・配線が面倒
・移動が大変

画面と本体が別なので、故障時に片方だけ交換できる。**ビジネス&安全性**重視。

ウルトラブック・ネットブック

初心者オススメ度 4

○
・持ち運びやすい

×
・画面が小さい
・エクセル、ワードが入っていない

低価格だが、ドライブ(P20)やOffice(P47)が無く、インターネットとメールが主な人向け。

●新しいタイプのパソコン

コンバーチブル

通常のノートパソコンの形と、板状の画面だけの形の2つの状態を切り替えられる。キーボードを取り外すタイプのものや、通常はノートパソコンだけれど、回転すると板状になるものなどがある。

タブレットパソコン・スレートパソコン

板状のパソコンで、指やペンで触れて操作できる。Windows以外にも、AndroidやiPadなどがある。

●その他（Windowsではない別のOSが入っています）

スマートフォン

通話やインターネットに加え、さまざまなアプリを利用できる携帯電話。Googleが開発した**Android（アンドロイド）**や、Appleが開発した**iOS**が入った製品がある。

電子ブックリーダー

電子書籍を読むための機器。最近ではインターネットを利用できるものもある。

パソコン選びのポイント！

●メーカー

初心者の場合は、国内メーカーがオススメです。**保証**や**サポート**がよく、必要なアプリ（P40）もほとんど揃っています。海外系は、サポート期間が短かったり、**あとから必要なアプリを買う**必要が出てくる場合があります。

国内メーカー	海外メーカー
富士通	台湾ASUS（エイスース）
NEC	米国hp（ヒューレット・パッカード）
東芝	米国DELL（デル）

●液晶サイズ

液晶は、大きめの**A4サイズ以上**がオススメ。割高ですが、タッチ機能があるものも選べます。

05 パソコンを買ってきたぞ

パソコンを買ってきたら、忘れずにやっておくことがあります。箱の中のものの確認です。大切な書類などは箱やファイルに入れて、なくさないようにしましょう。

キーワード
- □ Office
- □ 保証書
- □ プロダクトキー

困ったときの解決方法

本に書かれている操作がうまくいかない、説明とはちがった結果になった。
そんなときは、次のことを試してみましょう!

●Step1　解説本を、はじめからゆっくり読んでやってみる

一番多いのが、**読み飛ばし**。正しい方法を覚えないまま、まったくちがう操作をしていることがあります。一度休んで、気分転換をしてから再チャレンジするとあっさりできることもあります。

●Step2　表現の違いに注意する 重要!

パソコンやインターネットは日々進化しているため、**変更点も多い**です。[同意する] や [同意]、[OK]、[完了] などは、**ほぼ同じ意味**になります。[新規] や [新規作成]、[メールを作成]、[作成] なども同じです。また、同じ目的でも**いろいろな操作方法がある**ので、自分のやりやすい方法を見つけていきましょう。

●Step3　詳しい人か、パソコンメーカーのサポートに聞く

知人やメーカーサポートに聞くときは、下の内容を参考に、あなたの**パソコンのことや各部名称**を事前に調べておきましょう。聞く相手を間違えないように、問い合わせ先も控えておきましょう。

◆あなたのパソコンについて

あなたのパソコンの基本的な情報を書きとめておきましょう。
パソコンの型番 (P22)、OS (基本システム) の種類、メモリーなど。

◆今の状況

何をして、どのようになったのか?　例えば、電源がつかない場合でも、電源ランプは光っているか?　メーカーのロゴは表示されたか?　などを伝えます。

◆メッセージ

「変なものが出た」 ではなく、表示されたメッセージをしっかり書きとめておきましょう。

パソコンの基本操作の問い合わせ先

パソコンメーカーのサポート・家電量販店・
パソコン教室

TEL：

パソコンのトラブル／インターネットに接続できない

パソコンメーカーのサポート・PCサポート会社・
プロバイダー

TEL：

06 パソコンのしくみと周辺機器

パソコンの中身がどうなっているのか知っておきましょう！また、プリンターやUSBメモリーなどの周辺機器と接続方法も紹介します。これらをハードウェアと呼びます。

キーワード
- □ 電源ケーブル
- □ USB
- □ Wi-Fi（ワイファイ）

●パソコン内部の装置

ドライブ　［（外部）記憶装置］

CDやDVDを読み書きする装置。DVDスーパーマルチが一般的。大容量のBlu-rayに対応したものもある。あとから外付けすることもできる

DVD　Blu-lay

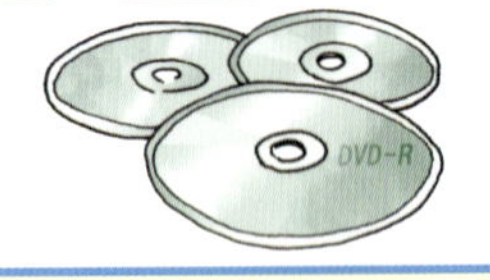

SDカードスロット

デジカメで利用されるSDカードを挿入し、パソコンに写真を取り込む

SDカード

メモリー　［（主）記憶装置］

パソコンの動作を速くする。上限があるが、増やすこともできる。4GBは必要。画像や動画編集をするなら最大にしておいたほうがよい

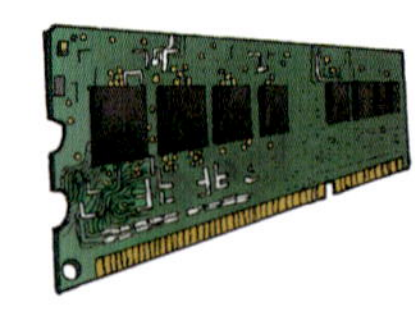

CPU［制御装置・演算装置］

ソフトウェアを動かしたり、複雑な計算を行う。交換はできない。GHz（ギガヘルツ）の数値よりも、Core（コア）i7やCeleron（セレロン）、AMDが重要

HDD／SSD［（外部）記憶装置］

データを保存する領域。容量が大きいほど、たくさん保存できる。外付けにして追加することもできる。HDDは保存容量が大きい。SSDは容量が小さく高価だが、パソコンの起動が早く動作音が静か

●単位

パソコンで使用する単位は、表の通りです。

単位	読み方	大きさ
bit	ビット	最小
B	バイト	1B＝8bit
KB	キロバイト	1KB＝1024B
MB	メガバイト	1MB＝1024KB
GB	ギガバイト	1GB＝1024MB
TB	テラバイト	1TB＝1024GB

●差し込み口（端子）と周辺機器

差し込み口の枠内の **ルーター** は、接続できる主な周辺機器です。

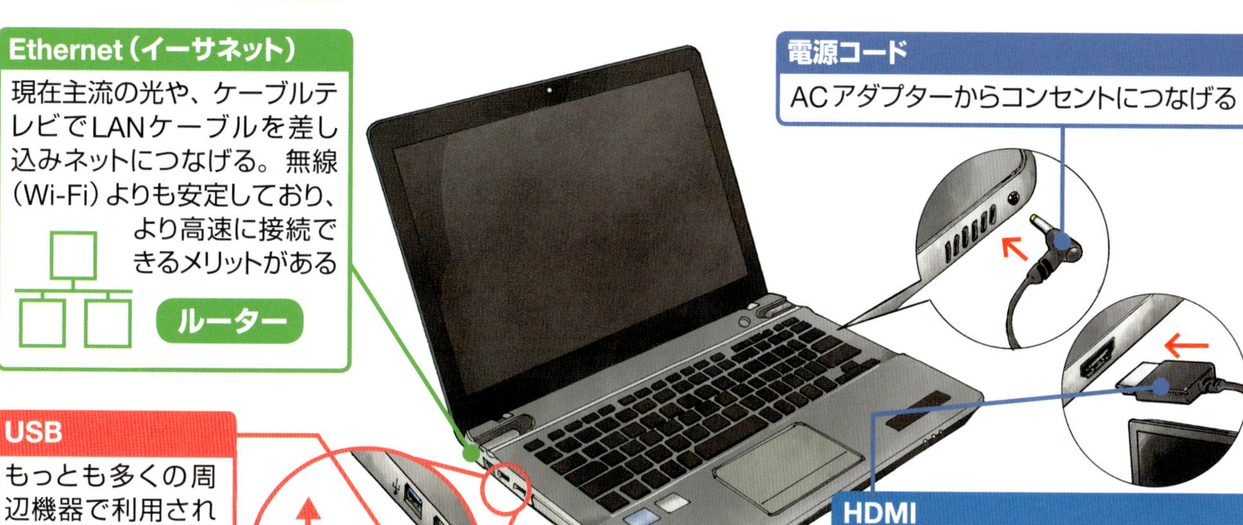

Ethernet（イーサネット）

現在主流の光や、ケーブルテレビでLANケーブルを差し込みネットにつなげる。無線（Wi-Fi）よりも安定しており、より高速に接続できるメリットがある

ルーター

電源コード

ACアダプターからコンセントにつなげる

USB

もっとも多くの周辺機器で利用される端子。差し込み口が青色になっているものは、より高速なUSB端子

無線マウス（P23）

HDMI

主に最近の別型パソコンやノートパソコンとテレビなどを接続する

テレビ **ディスプレイ**

USBメモリー

パソコンに直接差し込める。データ（文書や画像）を保存し、持ち運んだり、ほかのパソコンにコピーする

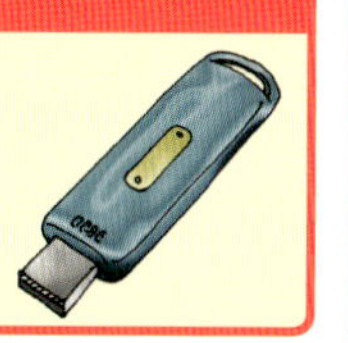

ミニD-Sub15ピン／DVI-D

別型パソコンに液晶ディスプレイを接続する

ディスプレイ **プロジェクター**

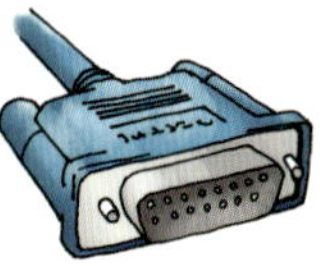

プリンター

印刷するだけのもののほかに、手書きのメモや新聞を取り込んだり、カラーコピーができる複合機がある。無線で印刷したり、デジタルカメラから直接印刷（Pict Bridge）できるものもある

Bluetooth（ブルートゥース）

主にタブレットパソコンで多く利用される。端子はなく、線を差し込まずに、ペアリングという設定をして、接続する

キーボード **マウス** **ヘッドセット**

デジタルカメラ

撮影した画像をパソコンに取り込む。付属のUSBケーブルで接続する

Wi-Fi（ワイファイ）

無線ルーターやモバイルWi-Fiルーターと接続して、インターネットにつなげる。Fnキーと(ᵢ)マークの付いたFキーを同時に押すと、ON／OFFを切り替えられる

ルーター **公衆無線**

パソコンの各部名称を知ろう

パソコンに周辺機器を接続したら、パソコンの各部名称を確認しましょう。確認できたら、電源ボタンを押してパソコンの電源を入れます。

キーワード
- □ 電源ボタン
- □ ドライブ
- □ キーボード

●デスクトップパソコン

本体
CPU・メモリー・HDDなどの主要部品がすべて入っている

Windowsボタン
タブレットパソコンなどにある、マークのボタン。スタート画面と起動中のアプリを切り替えて表示させる。キーボードにも同じ役割のキーがある

電源ボタン
押すとパソコンが起動する

キーボード
文字を入力する。1つ1つをキーと呼ぶ。デスクトップの場合はUSBケーブルで接続するタイプと、電池を入れる線なしタイプ（無線）がある。無線のタイプなら底面のスイッチをONにする

タッチパッド
指でなぞると画面の中の が動き、押すと実行する。ボタンが2つ付いているものや、指紋を読み取れる機能があるものもある

型番
前面のキーボードの周りなどにある、英語と数字の組み合わせ。サポートに問い合わせるときに必要

●ノートパソコン

カメラ
テレビ電話のように利用できるカメラ

画面
タッチパネルという、指で触って操作できるものもある

ドライブ
CDやDVD、Blu-rayなどのメディア（P30）を入れる。取り出しボタンを押すと、メディアが取り出される

●ノートパソコン底面

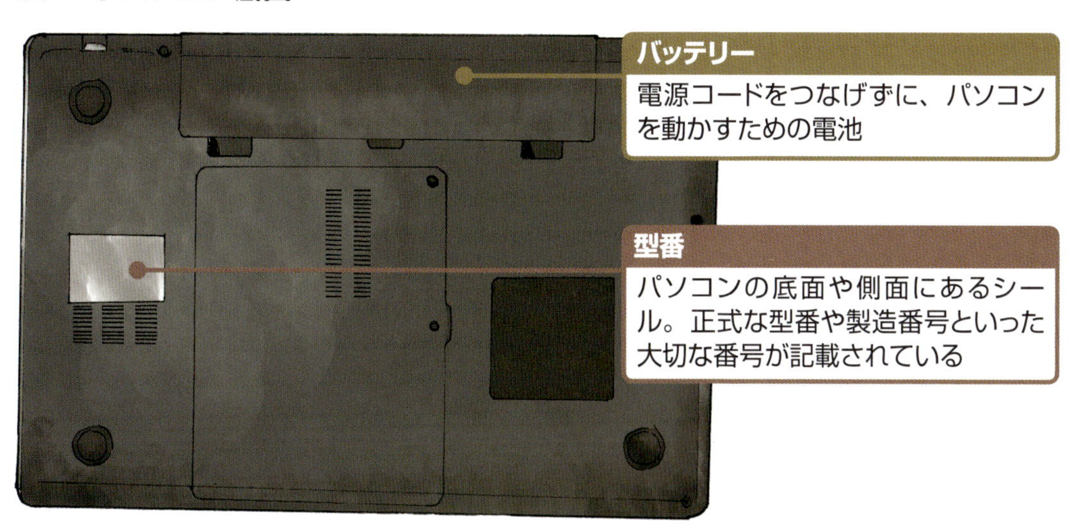
バッテリー
電源コードをつなげずに、パソコンを動かすための電池
型番
パソコンの底面や側面にあるシール。正式な型番や製造番号といった大切な番号が記載されている

●ランプ類

ハードディスクアクセスランプ

ハードディスク（HDD）やドライブが動いているときに点滅する。激しく点滅している場合は、パソコンが考え中のため、動作が遅くなる。落ち着くまでしばらく待とう

CapsLockランプ

点灯していると、英語入力の際（P54）、常に大文字になる。Shiftキーを押しながらCapsLockキーを押して切り替える

NumLockランプ

点灯していると、テンキーが使える。テンキーがない場合は、文字キーの一部が数字キーになる

電源ランプ

電源ボタンと合体していることもある。電源が入っていると点灯する

充電ランプ

充電中のときは オレンジ色になる

ワイヤレスランプ

無線接続が有効な場合に点灯する。右のような補助ボタンや、Fnキーを押しながらF4キーを押すなどして、有効←→無効を切り替える

ON
OFF

マウス

画面の中の を動かせる。左のボタンは実行、右のボタンはショートカットメニューを表示させる機能を持つ。中央のホイールを回転することで、画面のスクロールができる。USBケーブルで接続するタイプと、電池を入れる線なしタイプ（無線）がある。無線のタイプなら、底面のスイッチをONにする

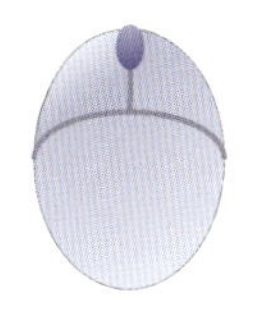

パソコンの準備ができたら、電源ボタンを押してパソコンを起動してみよう。次からは画面の中の各部名称を紹介します！

08 デスクトップ画面を見てみよう

パソコンと電源テーブルをつないで電源ボタンを押すと、ランプ類が点灯し、しばらくするとデスクトップ画面が表示されます。各部名称を把握しておきましょう。

キーワード
□ デスクトップ
□ タスクバー
□ アイコン

●デスクトップ画面

ファイルやフォルダーの操作は、デスクトップで行います。

●サインインとロック画面

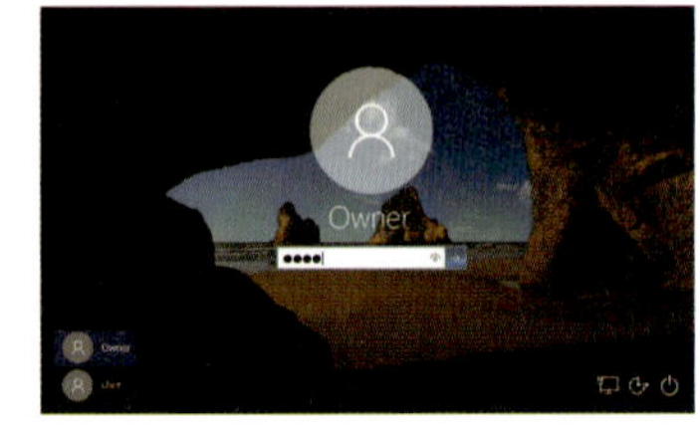

サインイン画面では、ユーザー名を（左）クリックし、パスワードを入力します。ロック画面では、（左）クリックすることで、デスクトップが表示されます。

❶ デスクトップ（通称：何もないところ）

画面全体のうち、何もないところです。操作やショートカットメニューをキャンセルするときは、デスクトップを（左）クリックします。

❷ スタート

❸ スタート画面

を（左）クリックすると表示されるメニューです。左側にアプリの一覧、右側にピン留めされたアプリが並んでいます。もう一度、を（左）クリックするか、デスクトップを（左）クリックすると消えます。

❹ マウスポインター（通称：矢印）

パソコンのほとんどの操作は、この矢印を使って行います。矢印の形は、場所や状況によっていろいろな形に変化します。

………普段の状態です。

………パソコンが考え中です。しばらく待ちます。

…移動・拡大や縮小ができます。

………インターネットで次のページに移動できるときの形です。

❺ タスクビュー

現在起動しているアプリとウィンドウを並べて表示します。

❻ タスクバー

画面の下の細長い部分です。あらかじめ用意されているアプリや、開いているすべてのウィンドウが「タスクボタン」として表示されます。（矢印）を乗せると、内容を確認できます。

❼ Cortana（コルタナ）

アプリの検索や、インターネットを使った検索をすばやく実行できます。

❽ 通知領域（別名：タスクトレイ）

パソコンの状況を確認したり、すばやく設定を変更できる場所です。インターネットにつながっているかどうかや、音量の変更、日時の確認ができます。を（左）クリックすると、隠れていたアイコンが表示されます。

❾ アイコン

アプリや作成した文書などを、絵柄として見えるようにしたものです。（左）クリックしたあとにEnterキーを押すと、アプリや文書、フォルダーの中身が開きます。

●ユーザーのフォルダー

作成した文書や写真が入っています。

●PC

開くとHDD（P20）やCDやDVD（P20）、USBメモリー（P21）などを確認できます。

●ごみ箱

不要なファイルやフォルダーは、このアイコンにドラッグして入れておきます。空にする操作を行うまでは、この中に残っています。

❿ 入力モード

文字の入力をするときに利用します。あなら日本語が、A なら英語が入力できます。ここに（矢印）を乗せてマウスの右ボタンを押すと、入力に関するさまざまな操作ができます。

⓫ アクションセンター

パソコンに届く通知を確認したり、明るさの調整やタブレットモードへの変更ができます。

09 パソコンを中断・終了させよう

パソコンでの作業を中断・終了するには、電源を切る方法とスリープさせる方法があります。電源を切る場合は、画面の中で操作をして電源を切ります。

キーワード

- □ シャットダウン
- □ スリープ
- □ 中断・終了

たいせつ

この「マウスの左側のボタンを押す」操作を、**クリック**といいます。詳しくは、P36で解説します。

すると…
「スタート画面」が表示される
3 矢印
を
電源
まで移動する
4 マウスの左側の
ボタンを押す
左
クリック

通常、パソコンの作業を中断する場合はスリープでもかまわないよ。でもあまり長い間電源を切らないとパソコンが不安定になるので、定期的に電源を切ろう。（岩間コジロー）

たいせつ

電源を切るときに、作業中のアプリがあると、メッセージが表示されることがあります。「強制的にシャットダウン」でマウスの左ボタンを押すと、終了させることができます。

●**再起動**　パソコンを一度終了してから、再び起動することを再起動というよ。新しいアプリを入れたあとや、パソコンの動作を安定させるために行うことがあるよ。（清水セブ）

Let's check!

ダイアログボックスの対処方法

パソコンを使っていると、さまざまなメッセージが表示されます。この表示されるメッセージをダイアログ(対話)ボックスと呼びます。表示されるダイアログボックスの一般的な対処方法について、説明します。

❶ 内容を確認する

はじめに、ダイアログボックスの**タイトルバー**などに何と書いてあるか確認しましょう。メッセージがセキュリティソフトやMicrosoft(マイクロソフト)など、どこから発せられたものなのかを確認します。
次に、メッセージの本文を確認します。これは、詳しい人でも正確に理解できない難解なものもあります。しかし、次に同じメッセージが表示された場合や、詳しい人に質問する場合にも、ダイアログボックスの内容は**よく読んでおくこと**が重要です。

❷ 具体的に対処する①

[OK]や[閉じる]、[終了]など、ボタンが1つしかない場合は、メッセージをよく読み、そのボタンを(左)クリックします。

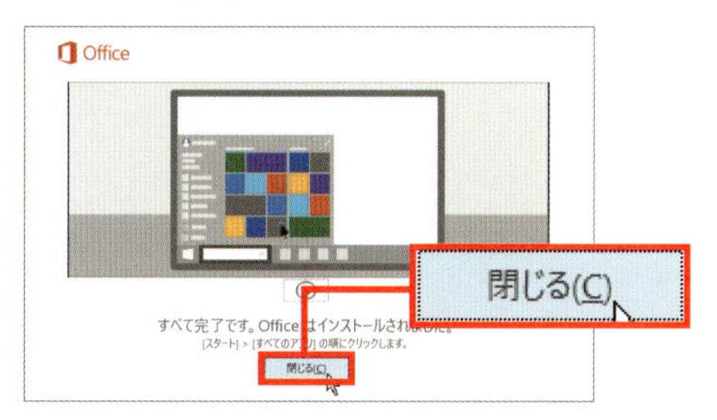

❸ 具体的に対処する②

ボタンが2つある場合で、何か作業を進めているときに表示された場合、例えば写真の取り込みや、保存をしようとしている場合は、[はい]や[次へ]や[続行]を(左)クリックします。そうしないと作業が中断されてしまいます。

❹ 具体的に対処する③

作業の途中ではなかったり、現在行っている作業とは関係ない内容の場合は、[キャンセル]や[閉じる]を(左)クリックします。ダイアログボックスが閉じられて、現状を維持できます。

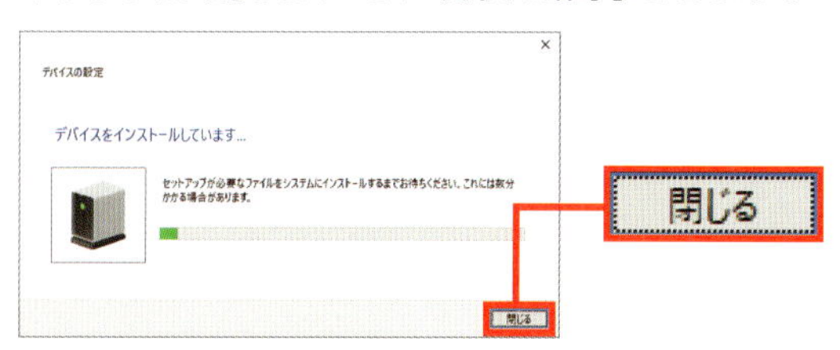

❺ 具体的に対処する④

どうしてもわからない場合、**色が強調**されているボタンを(左)クリックします。ダイアログのメッセージが難解な場合は、普段使う上では**ほとんど影響がない**ので、**深刻に受け取らず**、この手順で対処していきましょう!

10 パソコンの上手な管理方法を知ろう

パソコンはとても大切なデータを扱っているため、しっかり管理しておかないと、トラブルが起きたときに大変です。ここでは、トラブルの予防と対策をご説明します。

キーワード
- □ バックアップ
- □ トラブル予防
- □ セキュリティ

❶ データのバックアップ

パソコンのデータは、主にハードディスク（HDD）の中に入っています。**ハードディスクは消耗品**で、いつ壊れるかわかりません。パソコンの中に入れたままにせず、パソコンの外にも保存する習慣を付けます。これを**バックアップ**といいます。大切なデータは、以下の3つのいずれかに**保存**しておくと安全です。

- USBメモリー：データを一時的に入れておく場所。長期の保存には向かない
- 外付けHDD：定期的なバックアップに最適
- DVD-R：写真や仕事などで分類して保存するのに最適

USBメモリー

外付けHDD

DVD-R

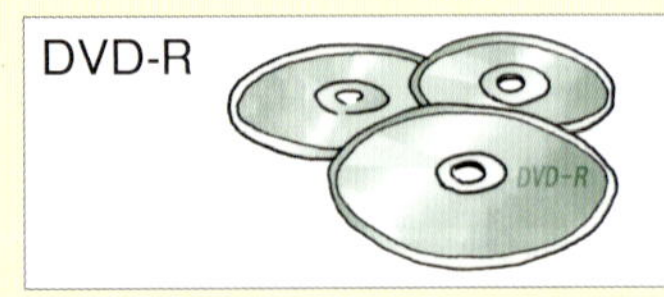

❷ リカバリーディスクの作成

パソコンに重大なトラブルがあった場合は、**ハードディスクを初期化**することで、買ってきたばかりの状態に戻せます。これはデータが失われてしまうため最終手段です。しかし、初期化する機能はハードディスクの中に入っているので、ハードディスクが壊れると初期化できなくなります。そこで、**リカバリーディスク**を作成しておきます。付属のマニュアルに沿って、作成しておきましょう（スタート画面内のアプリの一覧の［アプリケーション］や［メンテナンス］などにあります）。

❸ さまざまなトラブル

● 盗難

盗難対策のために、鍵付きのワイヤーなどが販売されています。大切なデータであれば、持ち出されないようにパスワードをかけることもできます。

● 雷

パソコンだけでなく、インターネット接続に必要なモデム（P64）なども落雷に弱いです。雷避けのあるOAタップを利用しましょう。

● パソコンの清掃

画面は、やわらかい布などでほこりや指紋をふき取ります。キーボードは隙間が多く、ほこりが入りやすいので、できればカバーを付けましょう。ドライブ（P20）も、長く使っているとDVDなどを読み込まなくなります。レンズクリーナーで清掃します。

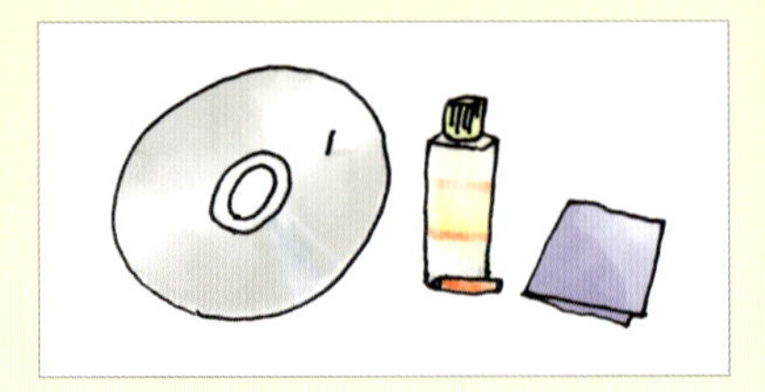

第 1 章

問題 1

［　　　］に当てはまるものを記入しましょう

Windowsは、マイクロソフトが開発した［❶　　　］で、別名基本ソフトと呼ばれている。
パソコンの動作を速くするのは［❷　　　］である。
CDやDVDなどのディスクを入れる装置を［❸　　　］と呼ぶ。

問題 2

パソコンの画面の以下の部分の名称は何でしょうか？

よくある質問 1

パソコンを放っておいたら、
画面が真っ暗になってしまいました。
故障でしょうか？

よくある質問 2

電源ボタンを押しても、何も反応がありません。どうすればよいでしょうか？

第 1 章

こたえ1

❶ OS
❷ メモリー
❸ ドライブ

→ P13、20参照

こたえ2

❶ スタート
❷ マウスポインター（矢印）
❸ タスクバー
❹ デスクトップ
❺ アイコン

よくある質問の回答1

パソコンはしばらく放っておくと、省エネのために**画面が暗く**なったり、**スクリーンセーバー**（画面いっぱいに動く文字や模様）が表示されたりします。そのようなときは、以下の操作をしましょう。

●真っ暗になったら…
スリープまたは休止状態（スタンバイ）になっているので、電源ボタンを押します。

●スクリーンセーバーになったら…
キーボードのいずれかのキーを押すか、マウスを動かします。

よくある質問の回答2

電源ボタンを押しても何の反応もない場合は、まずランプ類を確認します。
（ハードディスクアクセスランプ）や、（電源ランプ）が点灯しているか確認します（P23参照）。

●点灯していない場合…
電源ケーブルがしっかり差し込まれているか確認します。

●点灯／点滅している場合…
しばらく待ちます。

それでも正常に起動しない場合は、現状をしっかり把握し、詳しい人に聞いてみましょう。

この章を読み終えたら ☑ チェックしよう!
☐1回目　☐2回目　☐3回目　☐4回目　☐5回目　☐6回目　☐7回目

第2章

マウスを使って アプリを起動しよう

理解したらチェックしよう!

- □ マウスを使うことができる
- □ アプリの種類を知っている
- □ ウィンドウを使うことができる
- □ キーボードから文字を入力できる
- □ アプリを起動・終了できる

01 マウスの使い方を知ろう

パソコンは、マウスとキーボードを使って操作します。はじめはぎこちなくても、続けるうちに少しずつ慣れてくるので、心配せずに練習しましょう!

キーワード
□ マウス
□ キーボード
□ タッチパッド

02 矢印の移動とポイントを知ろう

パソコンは、画面の中の矢印を目的の場所へ移動することで指示を与えます。マウスとタッチパッドを使って、矢印の動かし方を覚えましょう。

キーワード
- □ 矢印の移動
- □ ポイント
- □ タッチパッド

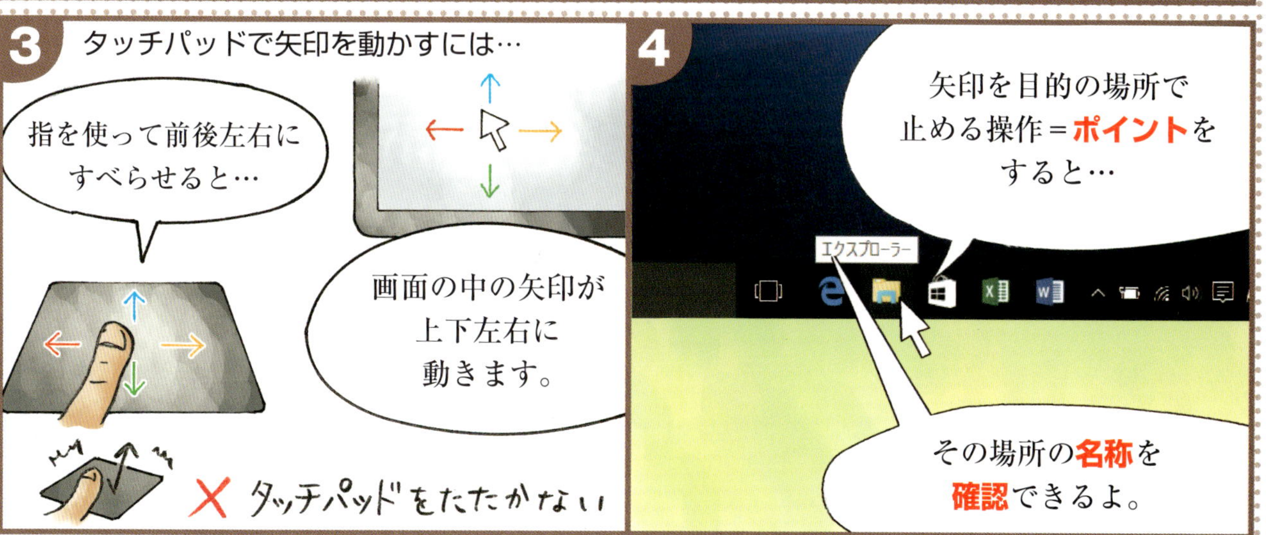

03

(左)クリックを知ろう

マウスやタッチパッドの左側のボタンを押すことを「クリック」と呼びます。画面をタッチする操作と同じです。マウスで行う操作は、クリックがほとんどです。

キーワード
- □ (左)クリック
- □ ボタン

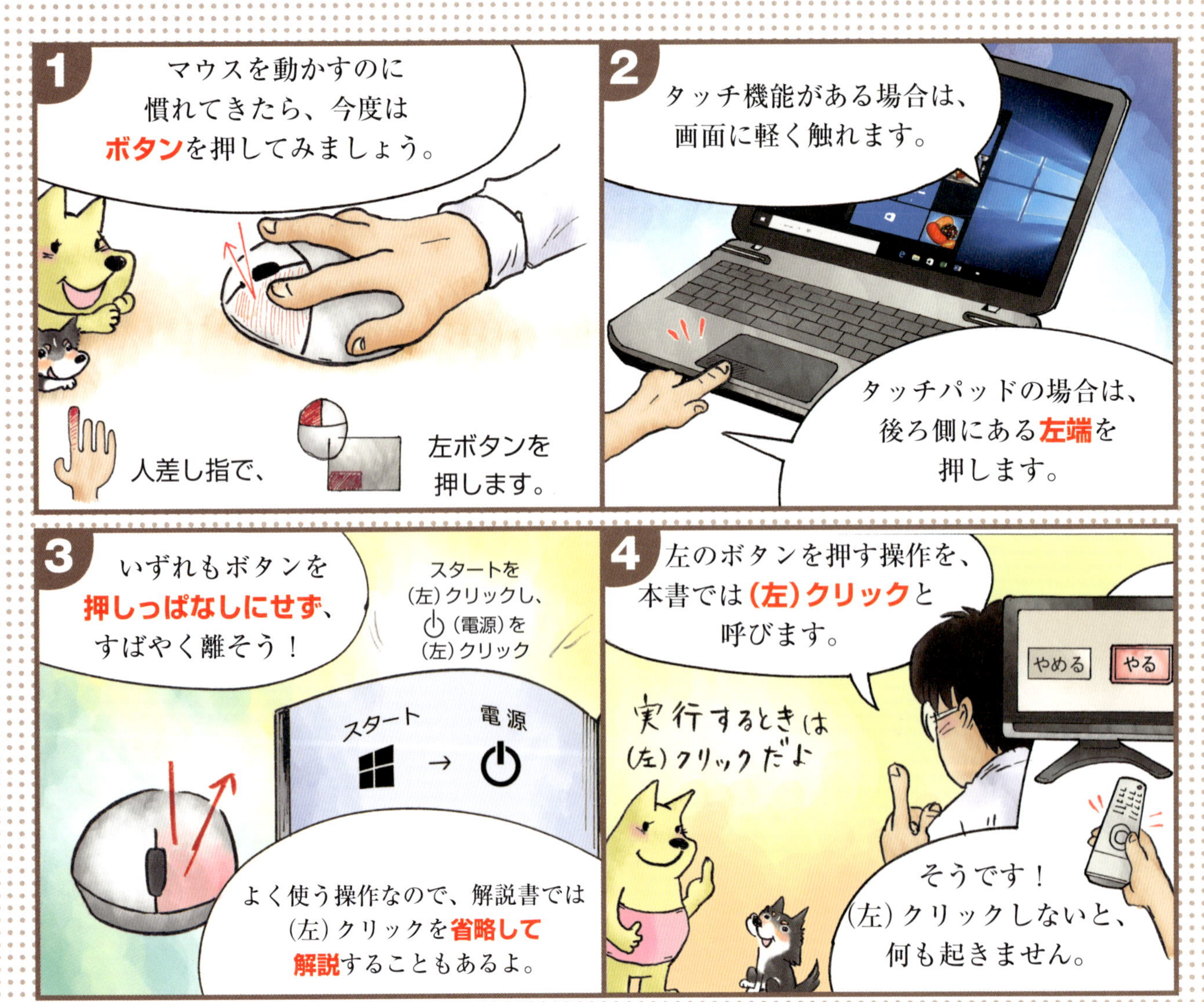

ドラッグを知ろう

「ドラッグ」とは、左のボタンを押しながらマウスを動かすことです。目的の場所にマウスを移動したら、左ボタンから指を離します。何かを移動させたいときに使います。

キーワード
□ドラッグ
アイコンは、
自由に動きます。
□ドロップ

1
左のボタンを使う操作で、
もう1つ大切なのが
ドラッグです。
そのドラッグじゃないよ

2
・図形や絵を描くとき
・画面の中のものを移動させるとき
・文字の範囲を選択するとき

離す
押したまま…

ドラッグのコツは、左のボタンを**離さない**こと。
少しずれても、目的の場所で"ぱっ"と離す！

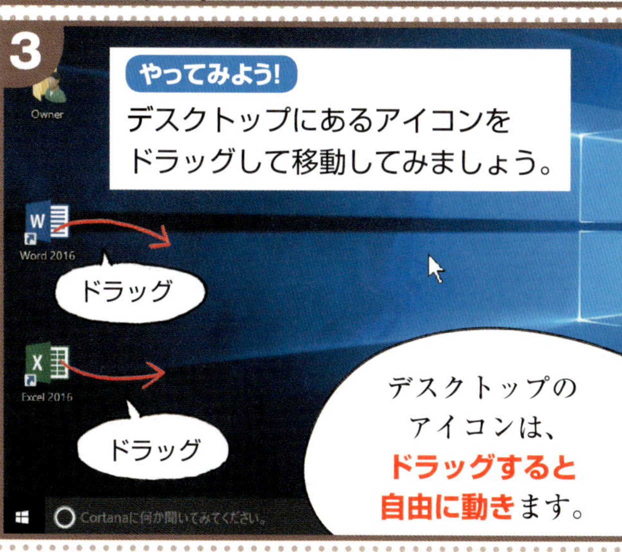

一度持ち上げて、
スペースを作って

右クリックを知ろう

マウスの右ボタンを押すことを、「右クリック」と呼びます。右クリックすると、ショートカットメニューやアプリバーが表示されます。

キーワード
- □ 右クリック
- □ ショートカットメニュー

1
右ボタン？
右側のボタンを押すことを、右クリックと呼びます。
右側のボタンは中指で押します。
タッチパッドの場合、右後ろのボタンを押すよ。
2
あ、何か出てきた！
そうです
Excel 2016
開く(O)
ごみ箱を空にする(B)
スタート画面にピン留めする
ショートカットの作成(S)
名前の変更(M)
プロパティ(R)
ごみ箱
アイコンのショートカットメニュー
右クリックすると、矢印のある場所に応じて、ショートカットメニューが表示されます。

3
私コレ～
右クリックは、アプリや図形、あらゆるものに対して補助的な操作ができるので、便利です。
表示された ショートカットメニューから、行いたい操作を(左)クリックするよ。

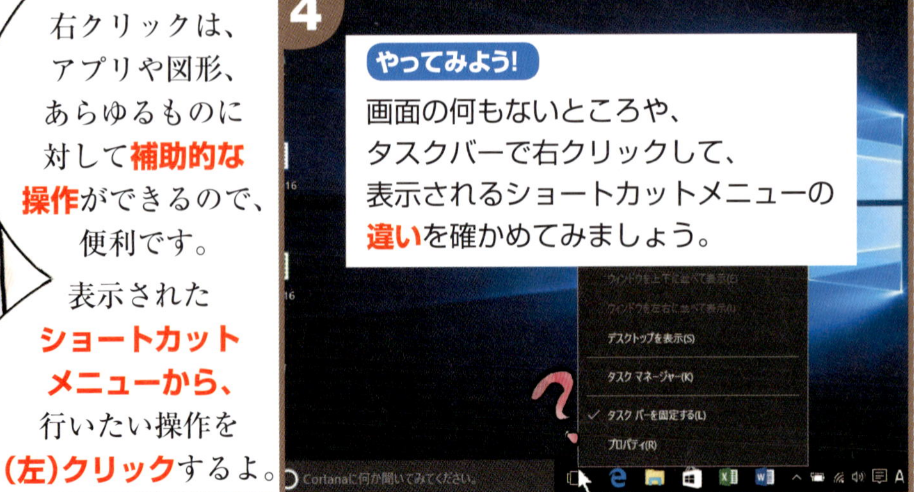

4
やってみよう!
画面の何もないところや、タスクバーで右クリックして、表示されるショートカットメニューの違いを確かめてみましょう。
デスクトップを表示(S)
タスク マネージャー(K)
タスク バーを固定する(L)
プロパティ(R)
Cortanaに何か聞いてみてください。

06 ホイールを知ろう

パソコンの画面の隠れた部分を表示させる操作が「スクロール」です。マウスのホイールを回転させると、スクロールができます。

キーワード
- □ホイール
- □スクロール
- □スクロールバー

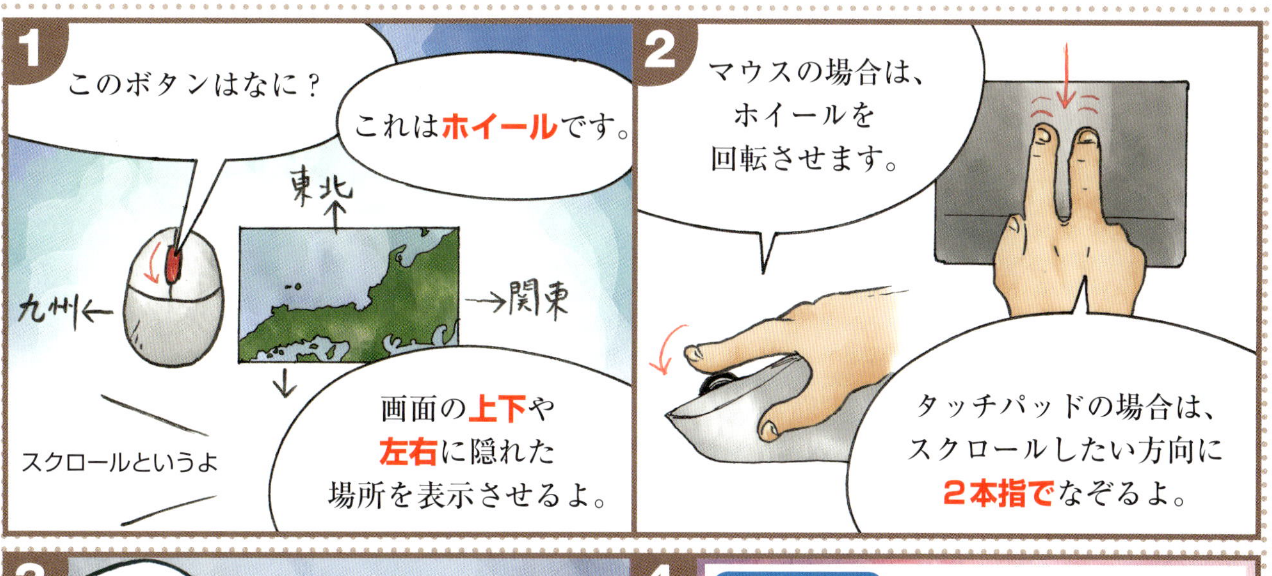

1
このボタンはなに？
これは**ホイール**です。
東北
九州
関東
スクロールというよ
画面の**上下**や**左右**に隠れた場所を表示させるよ。
2
マウスの場合は、ホイールを回転させます。
タッチパッドの場合は、スクロールしたい方向に**2本指で**なぞるよ。

3
スクロールバー
（左）クリックで葉が見える
（左）クリックで先が見える
画面やウィンドウ内に入りきらないときに表示されるスクロールバーを（左）クリックしても、スクロールはできるよ。

4
やってみよう！
スタート画面でスクロールしてみましょう。
コツは、スクロールしたい領域に矢印を持っていき、ホイールを回転させます。

07 アプリの種類を知ろう

パソコンでは、いろいろなアプリを使って文書の作成やインターネットの閲覧を行います。ここではアプリの種類や、それぞれのアプリの得意なことを確認しましょう。

キーワード
- □ アプリの種類
- □ ワープロ
- □ 表計算

ワープロ

文書を作成するためのアプリです。マイクロソフトワードが有名です。

起動方法 ⊞キーを押して、左側のアプリ一覧に表示される［Word 2016］を（左）クリックします。2013の場合は、［Microsoft Office］を（左）クリックします。

表計算

表の作成や計算を行うためのアプリです。

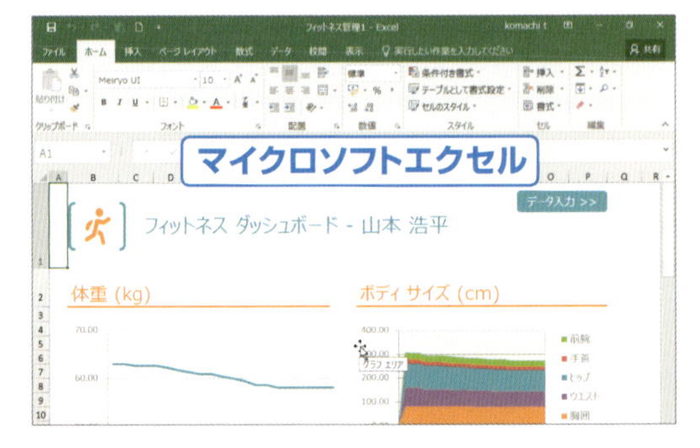

起動方法 ⊞キーを押して、左側のアプリ一覧に表示される［Excel 2016］を（左）クリックします。2013の場合は、［Microsoft Office］を（左）クリックします。

ブラウザー

インターネットを見るためのアプリです。

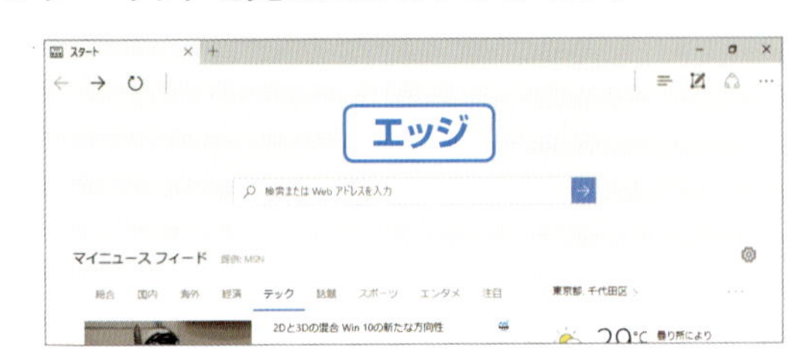

起動方法 タスクバーにある e を（左）クリックします。

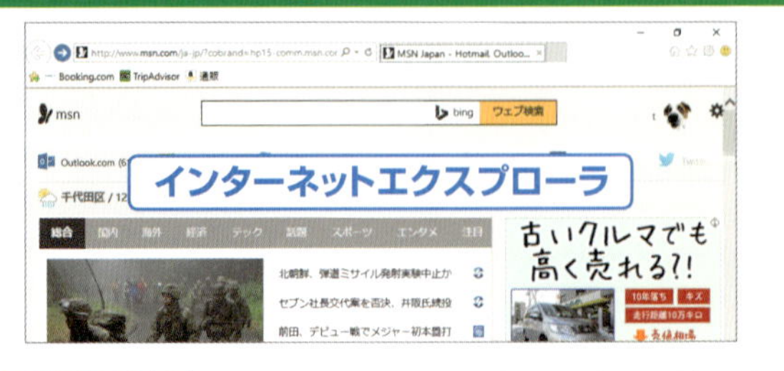

起動方法 ⊞キーを押して、左側のアプリ一覧に表示される［Windowsアクセサリ］→［Internet Explorer］の順に（左）クリックします。

マルチメディアソフト

デジカメ写真や音楽、映像を楽しむためのアプリです。

起動方法 ⊞キーを押して、[フォト]を(左)クリックします。

起動方法 ⊞キーを押して、左側のアプリ一覧に表示される[Windows Media Player]を(左)クリックします。

プレゼンテーション

企画や計画の発表を行うためのアプリです。

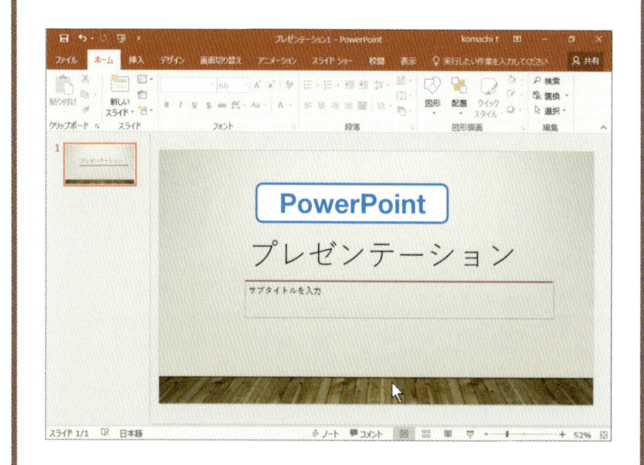

起動方法 ⊞キーを押して、左側のアプリ一覧に表示される[PowerPoint 2016]をクリックします。

セキュリティソフト

コンピューターウイルスや不正なアプリからパソコンを守ります。Windows 8以降は、標準でWindows Defenderが付いています。

起動方法 ⊞キーを押して、左側のアプリ一覧に表示される[Windowsシステムツール]→[Windows Defender]の順に(左)クリックします。

メーラー

メッセージを送受信するアプリです。高機能のOutlookのほかに、「メール」というアプリも付いています。

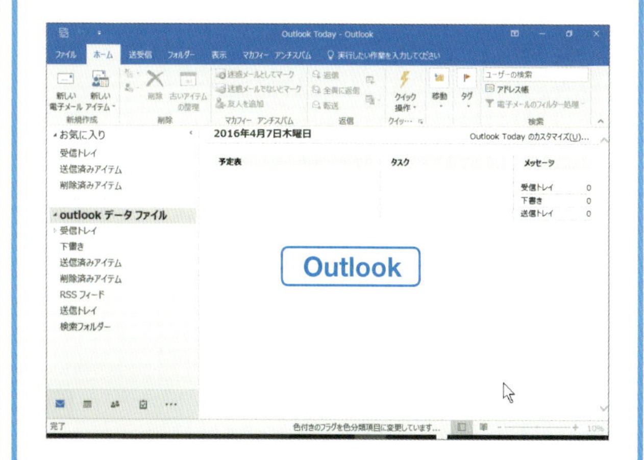

起動方法 ⊞キーを押して、左側のアプリ一覧に表示される[Outlook 2016]を(左)クリックします。

08 アプリの選び方を知ろう

アプリの種類が理解できたら、目的に応じてアプリを選択できるようになりましょう。アプリを起動させるには、目的から探す便利な方法もあります。

キーワード
- □ アプリの選択
- □ インストール
- □ アップデート

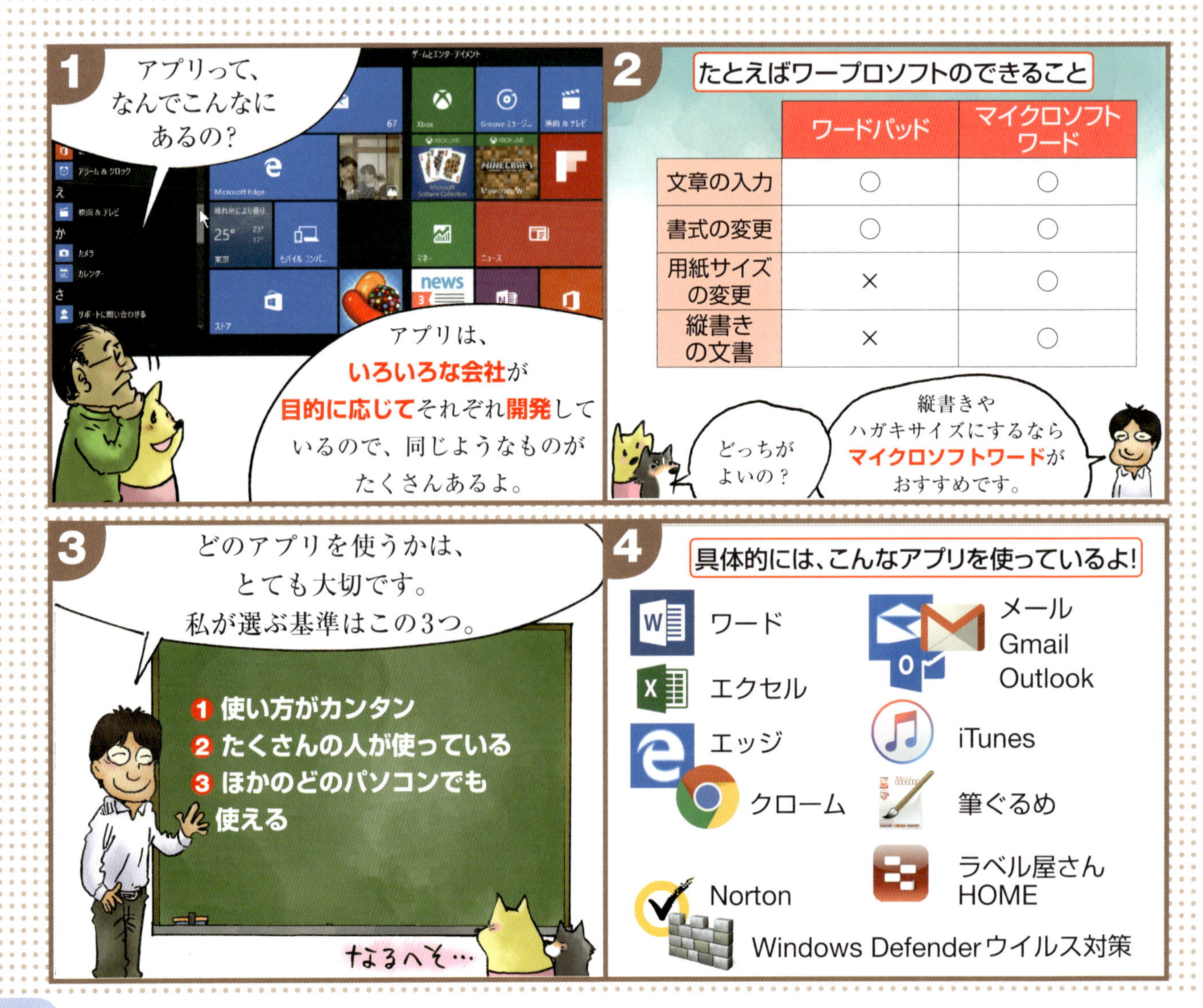

	ワードパッド	マイクロソフトワード
文章の入力	○	○
書式の変更	○	○
用紙サイズの変更	×	○
縦書きの文書	×	○

アプリについてもっと知ろう

アプリを理解するのにあたって、以下の注意点を知っておきましょう。

❶ ソフトウェアとアプリ

ソフトウェアもアプリもほぼ同じ意味です。ハードウェア（P20）に対してソフトウェア、ソフトウェアの中でも基本ソフトと応用ソフト（=アプリ）に分かれます。

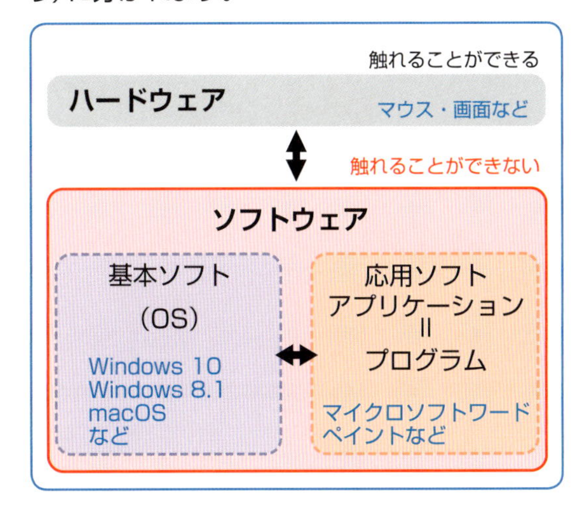

❷ 最初から入っているアプリ

富士通や東芝のパソコンを購入すると、最初からさまざまなアプリが用意（プリインストール）されています。国産のパソコンの価格が割高になっている理由の1つです。

❸ アプリの入手

アプリが最初から入っていなければ、あとから入れることも可能です。また、すでに入っているアプリをより新しいものや優れたものに変更することを「アップグレード」と呼びます。
アプリを手に入れるには、❶［ストア］アプリから入手 ❷家電店で購入 ❸インターネットからダウンロードする方法があります。

❹ インストール

アプリを入手したら、CDやダウンロードしたファイルを実行してインストールを行います。インストールは**ウィザード形式**といって［はい］［OK］［同意する］（具体的な指示の仕方はP29）を（左）クリックしていくだけで、アプリの一覧に表示されるようになります。

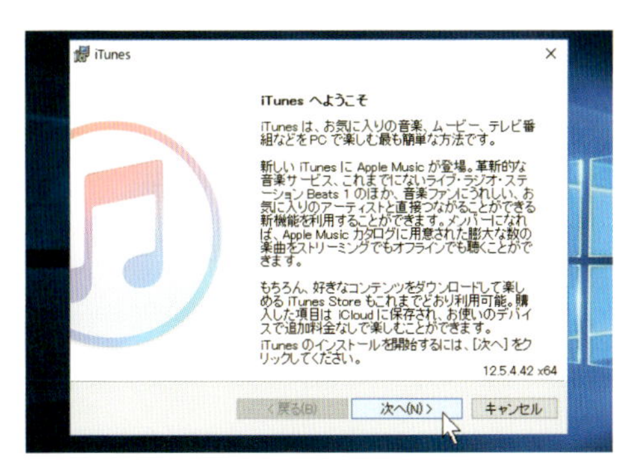

❺ アプリの更新（アップデート）

発売後に発見された不具合や機能の追加を無料で行うことを、**更新（アップデート）**と呼びます。ほとんどの場合はインターネットを介して**自動**で行われます。更新中は、「更新中です」「更新をダウンロードしています」といった表示がされます。勝手に再起動するのも、アプリを更新するためです。
なお、常に最新の状態にしておけばよいかというとそうでもありません。更新によって**重大なトラブル**が起こることもあります。正常に動いているのであれば、更新をしないという選択肢もあります。

09 アプリを起動しよう

パソコンで何かしようと思ったとき、アプリを使います。アプリの起動の仕方は何種類かありますが、ここではいちばん基本的な方法を紹介します。

キーワード
- □ アプリの起動
- □ マイクロソフトワード
- □ ペイント

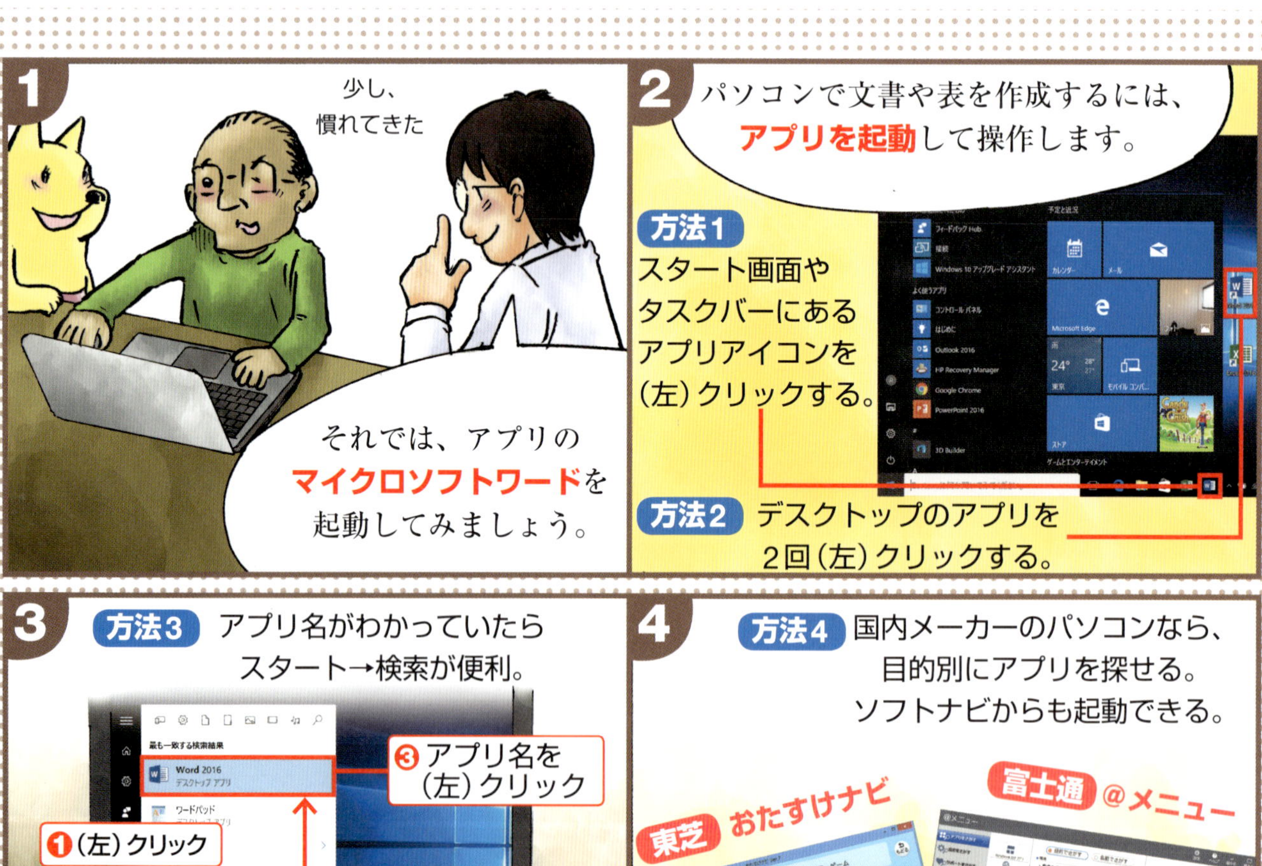

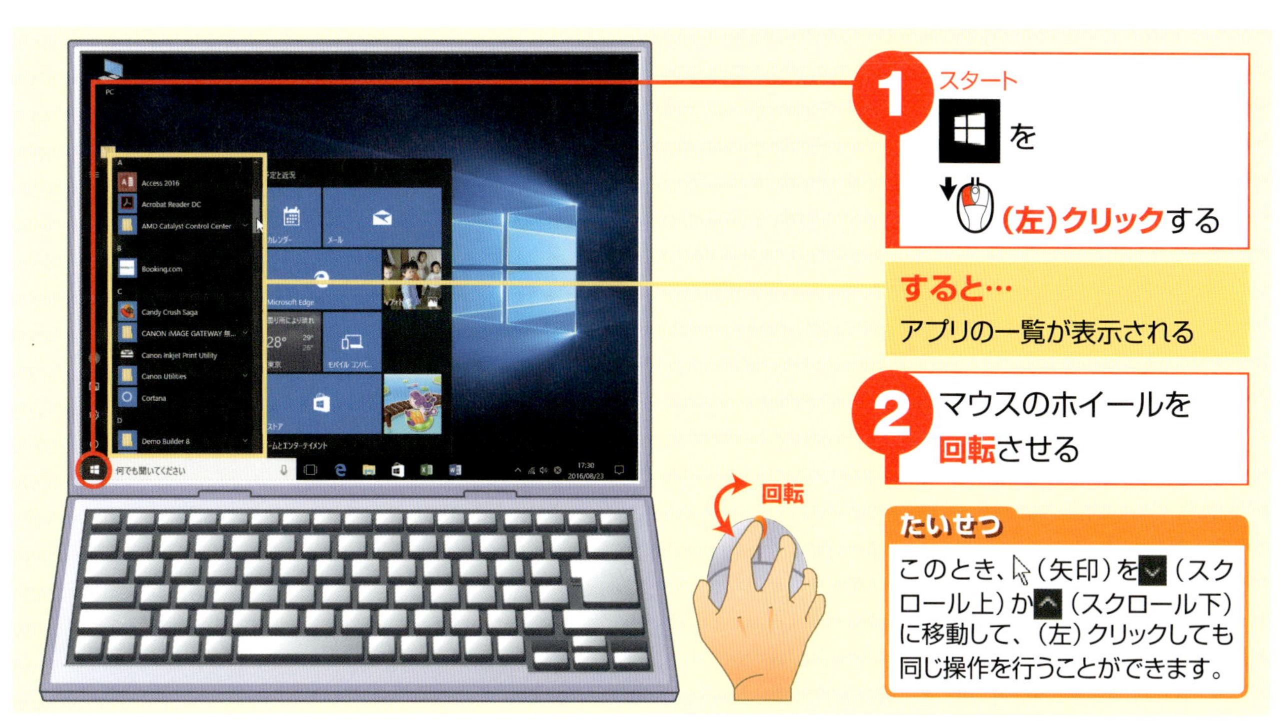

●**アプリの一覧** (スタート)を(左)クリックしてもアプリの一覧が表示されない場合は、[すべてのアプリ]を(左)クリックすると表示されるよ。(清水セブ)

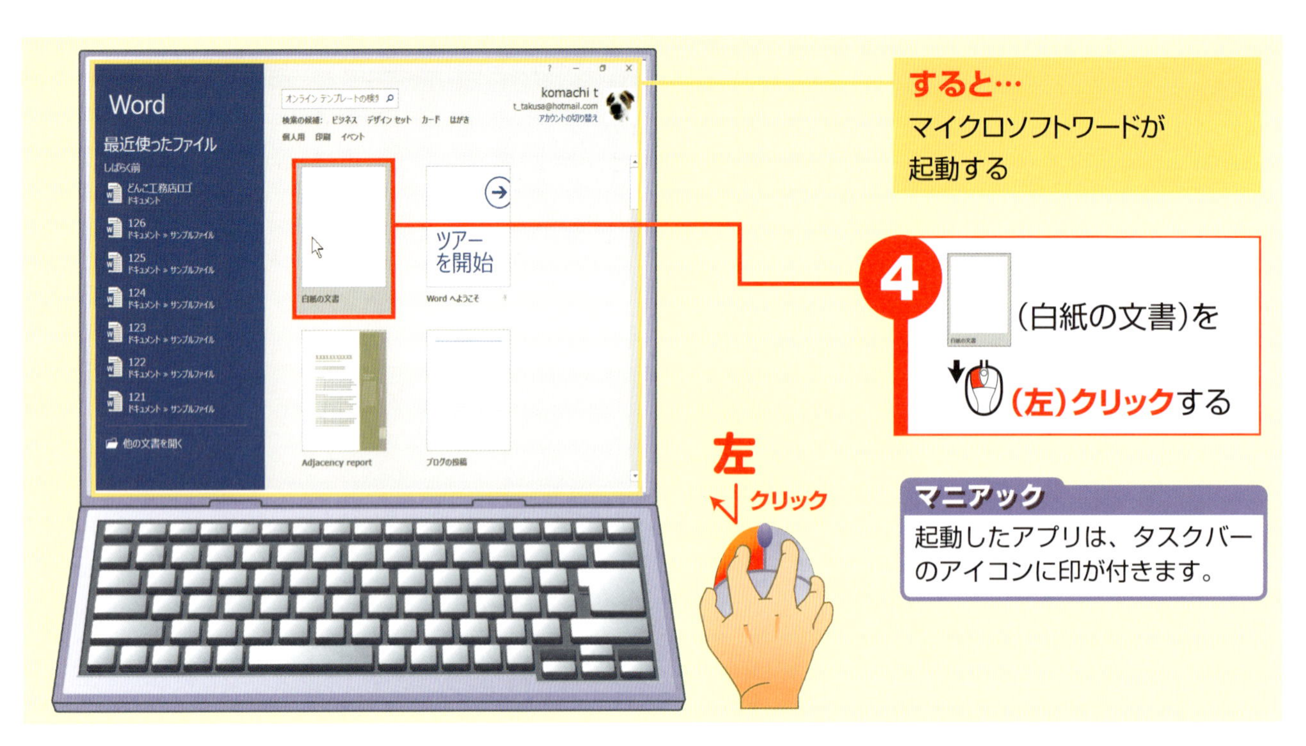

マニアック
起動したアプリは、タスクバーのアイコンに印が付きます。

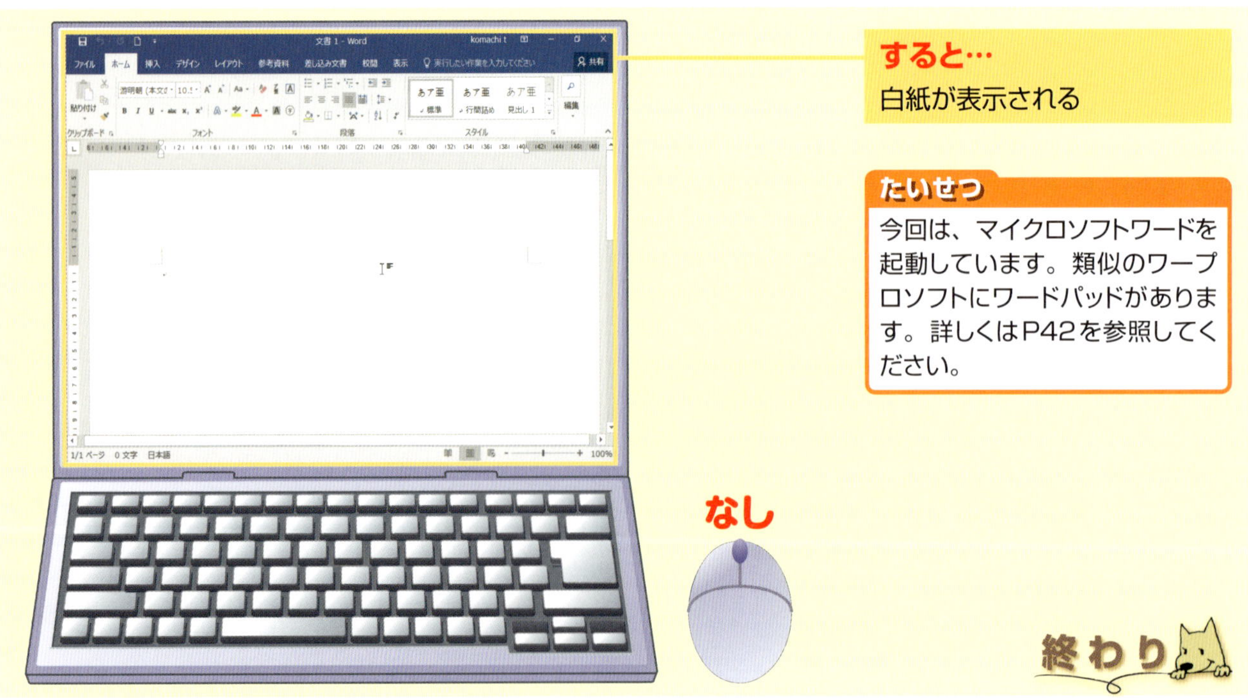

たいせつ
今回は、マイクロソフトワードを起動しています。類似のワープロソフトにワードパッドがあります。詳しくはP42を参照してください。

●**ピン留め**　スタート画面右側やタスクバーに並んでいるアプリは、アプリアイコンを右クリックして、スタート画面やタスクバーにピン留めできるよ。(田草川チェリー)

Officeの初期設定

ワードやエクセルなどのOfficeアプリは、購入したばかりの場合、初期設定が済んでおらず、利用できない状態になっています。そこで、初期設定の方法を紹介します。

1. インターネットに接続された状態で ■ を（左）クリックし、スタート画面で［Microsoft Office］を（左）クリックします。

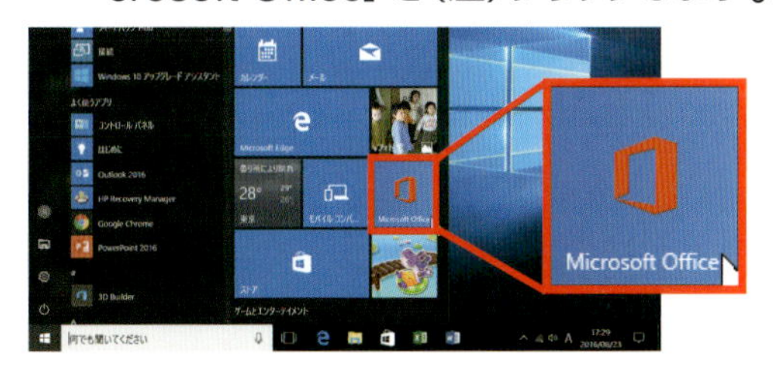

2. ［はじめに］や［次へ］を（左）クリックします。

3. 同封されていたカードに記載されているプロダクトキーを入力し、［次へ（N）］を（左）クリックします。

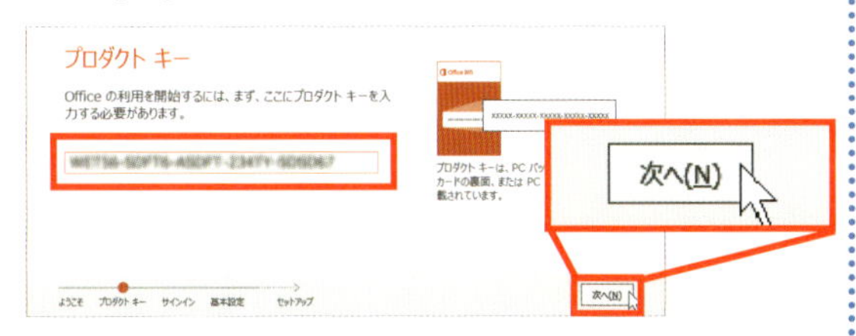

4. ［同意する（A）］を（左）クリックします。以下の画面の場合は、［続行］を（左）クリックします。［推奨設定を使用する（U）］を（左）クリックし、［同意する（A）］を（左）クリックします。

5. サインイン画面が表示されたら、Microsoftアカウントを使ってサインインするか、アカウントを新しく作成します。

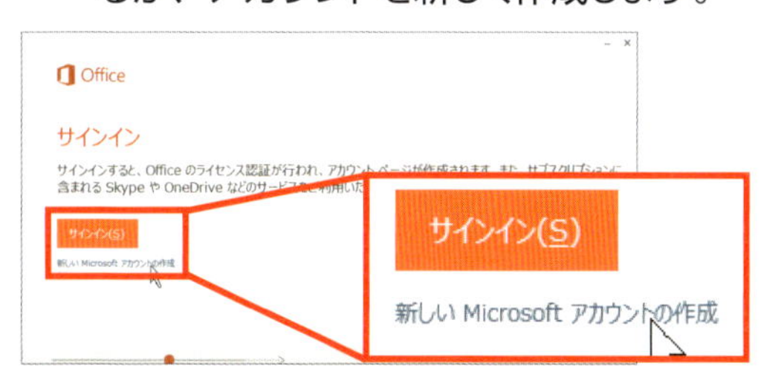

Microsoftアカウントとサインインメールアドレスとパスワードを入力し、サインイン（入室）すると、ワードやマイクロソフトのクラウド（P158）を利用できます。パソコンの初期設定の際に作成していることが多いです。
作成していない場合、メールアドレスとパスワード、電話番号などを登録します。マイクロソフトの新しいメールアドレスを取得することもできます。

6. ［次へ（N）］を何度か（左）クリックし、［開始する（T）］や［完了（A）］を（左）クリックします。

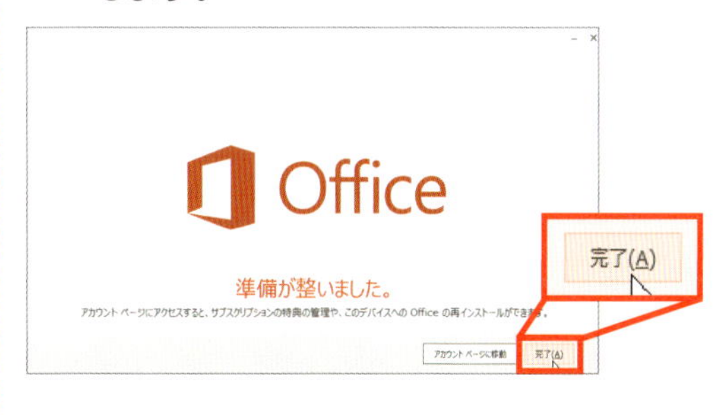

10 ウィンドウの使い方を知ろう

パソコンの作業は、主にウィンドウ（窓）の中で行います。ここではウィンドウの３種類の状態（元の状態、最大化、最小化）とタスクバー、スクロールの説明をします。

キーワード
□ 最大化
□ 最小化
□ 閉じる

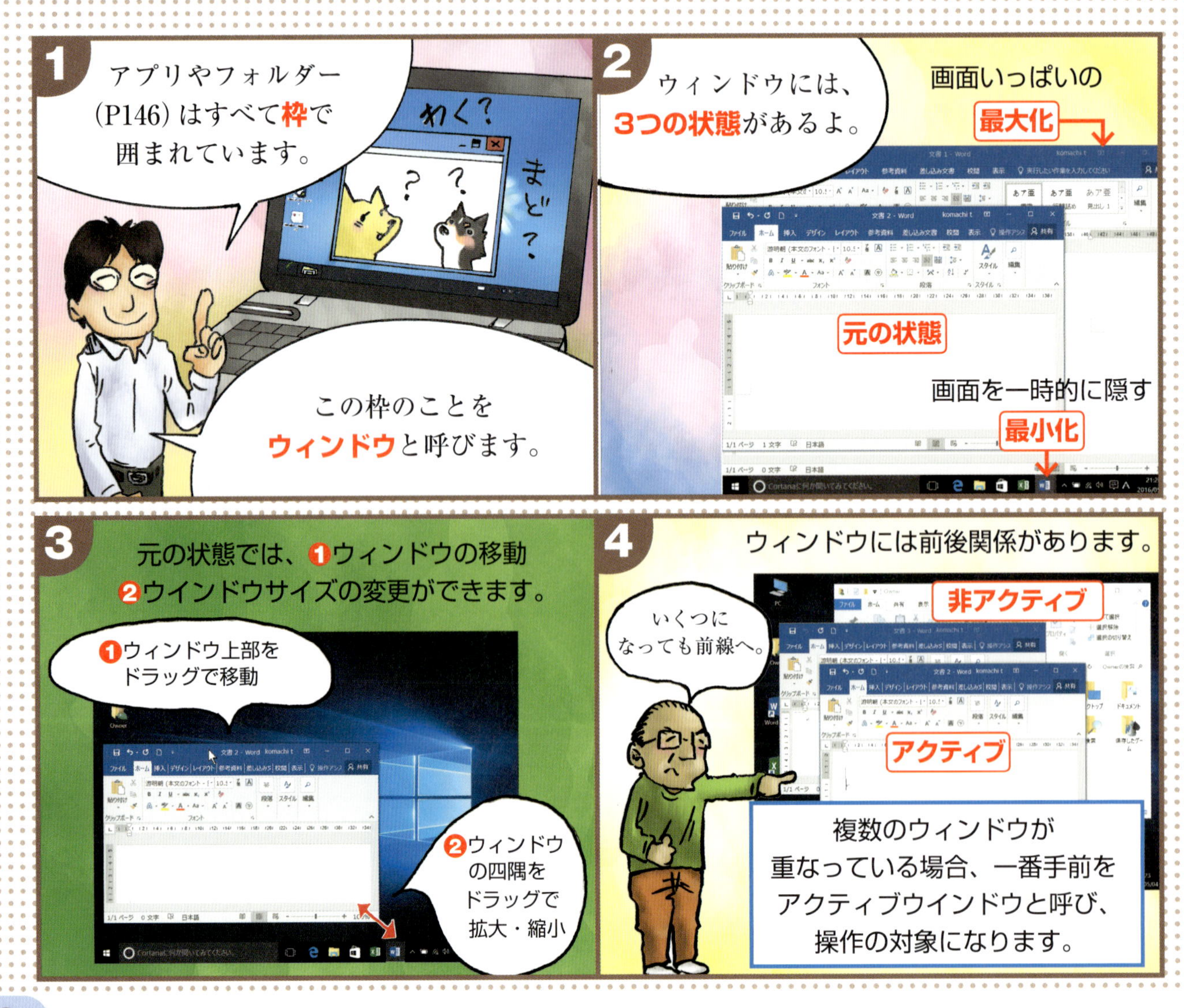

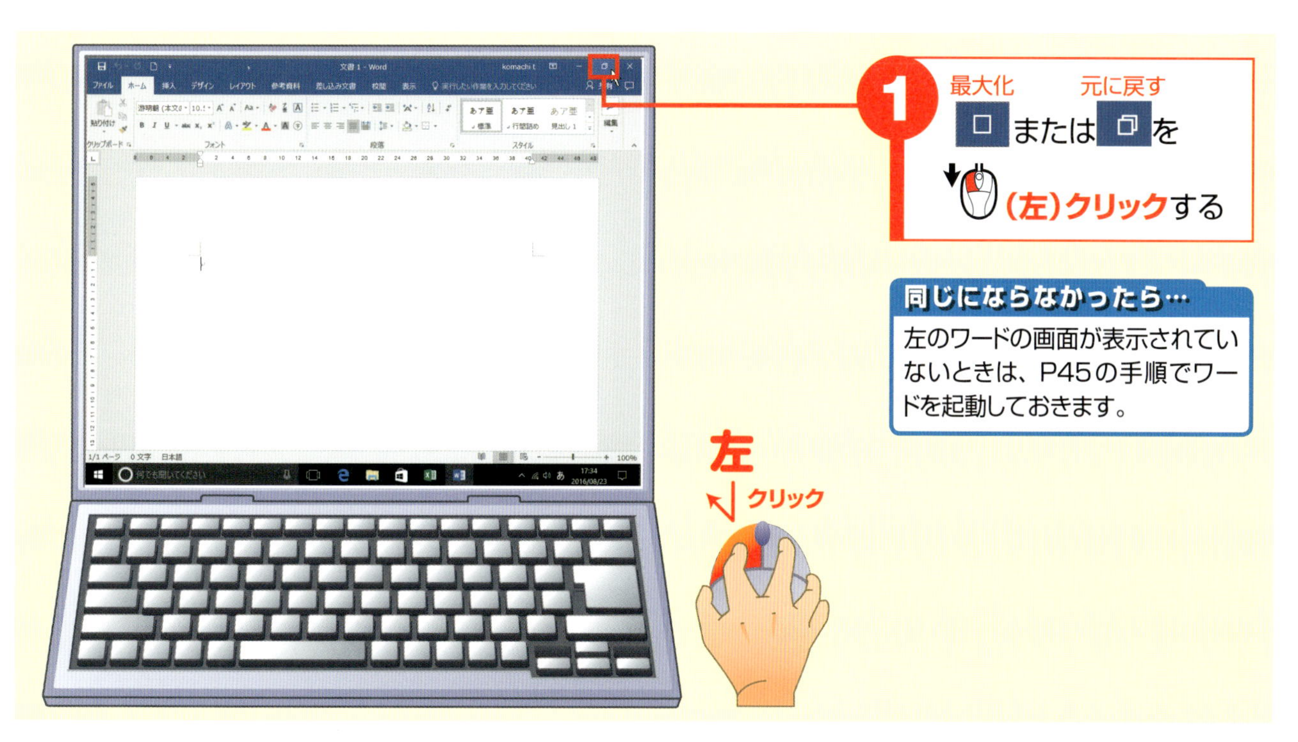

1 最大化　元に戻す
□ または ⧉ を
(左)クリックする

同じにならなかったら…
左のワードの画面が表示されていないときは、P45の手順でワードを起動しておきます。

すると…
ウィンドウが最大化する
または元の状態になる

2 最小化
－ を
(左)クリックする

マニアック
デスクトップ画面の右下端を(左)クリックしても、ウィンドウが最小化されます。この場合は、表示されているすべてのウィンドウが最小化されます。

●**タスクバーのウインドウ**　アプリやフォルダー(P146)などのウィンドウを起動すると、タスクバーに下線が付いた状態で表示されるんだ。(キナコ)

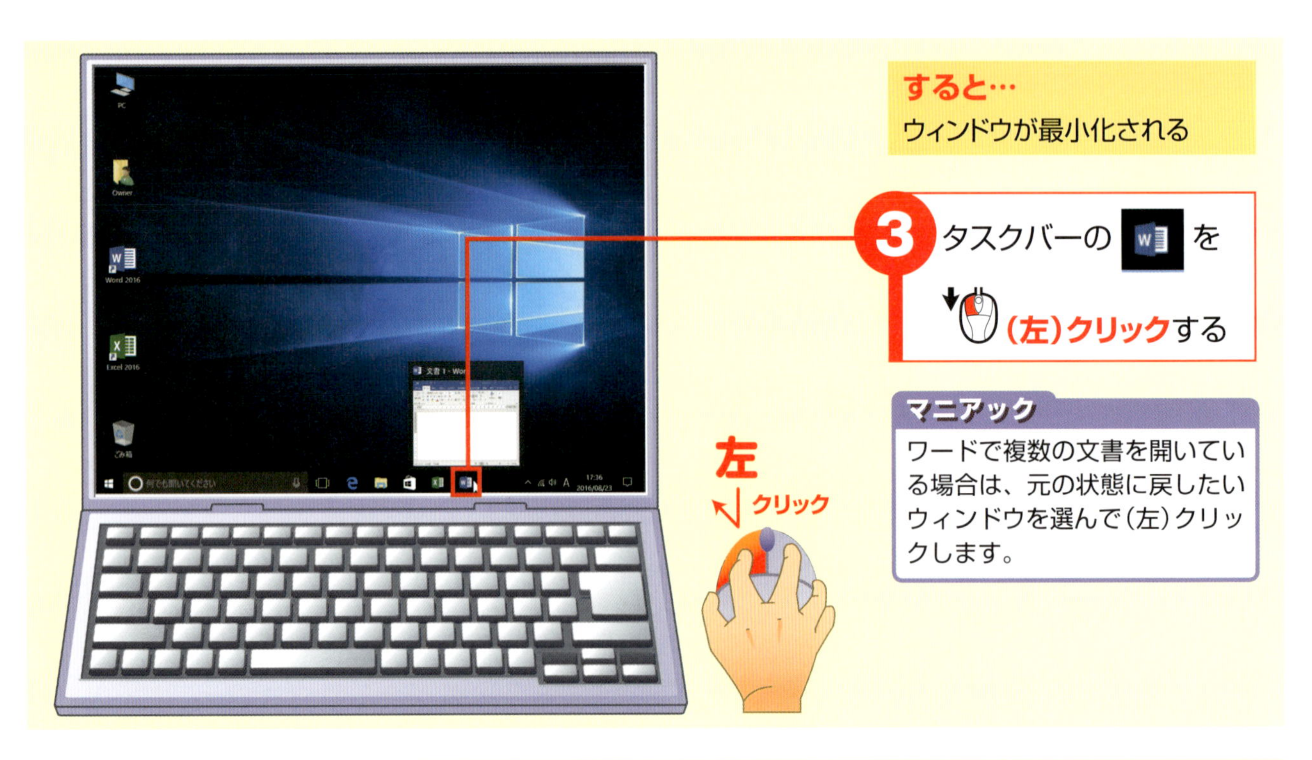

すると…
ウィンドウが最小化される
3 タスクバーの を
(左)クリックする
左
クリック

マニアック

ワードで複数の文書を開いている場合は、元の状態に戻したいウィンドウを選んで(左)クリックします。

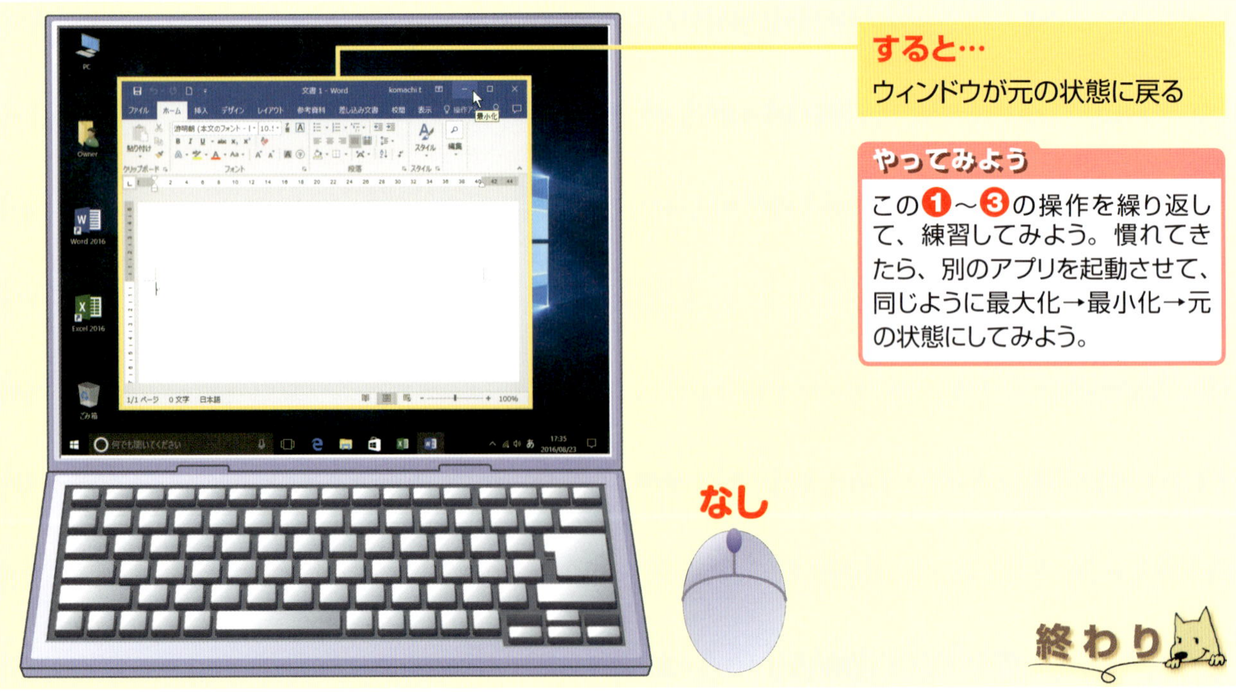

すると…
ウィンドウが元の状態に戻る
なし
終わり

やってみよう

この❶～❸の操作を繰り返して、練習してみよう。慣れてきたら、別のアプリを起動させて、同じように最大化→最小化→元の状態にしてみよう。

●**ウィンドウの切り替え**　複数のアプリを切り替えるには、タスクバーで(左)クリックするほかに、Altキーを押しながらTabキーを押して切り替える方法があるよ。(伊藤りく)

ウィンドウを操作する

複数のウィンドウを扱えるパソコンは、同時にいくつもの作業を進めることができます。インターネットをしながらメモを取り、さらに音楽を聴くといった具合です。ここでは、複数のウィンドウを扱う方法を紹介します。

●ウィンドウを並べる

1. P45の方法でワードを起動します。
2. 別のアプリまたはフォルダーを起動します。
3. タスクバーの余白部分で右クリックします。

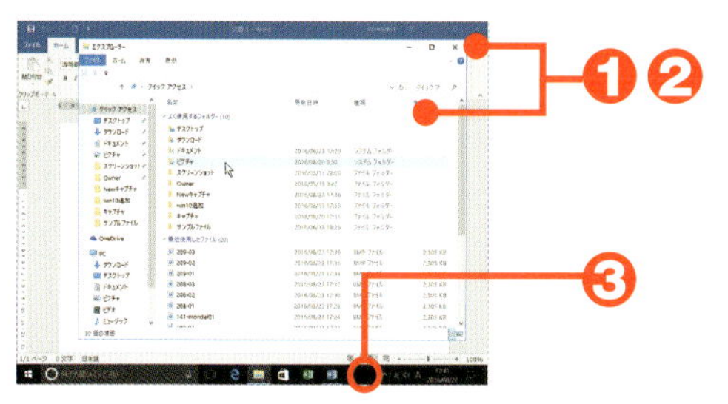

4. [ウィンドウを左右に並べて表示(I)]を(左)クリックします。

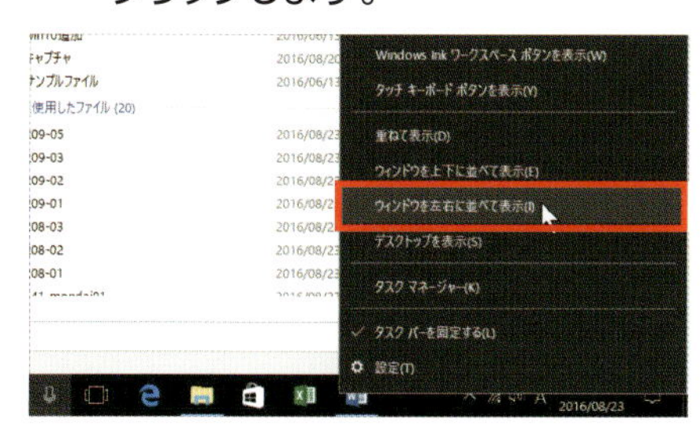

5. ウィンドウの大きさが半分になります。

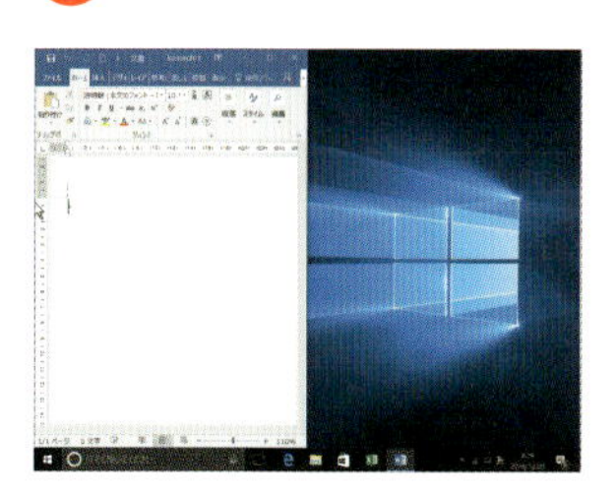

●ウィンドウを移動する

ウィンドウが元の状態の場合、タイトルバーをドラッグすると、移動できます。

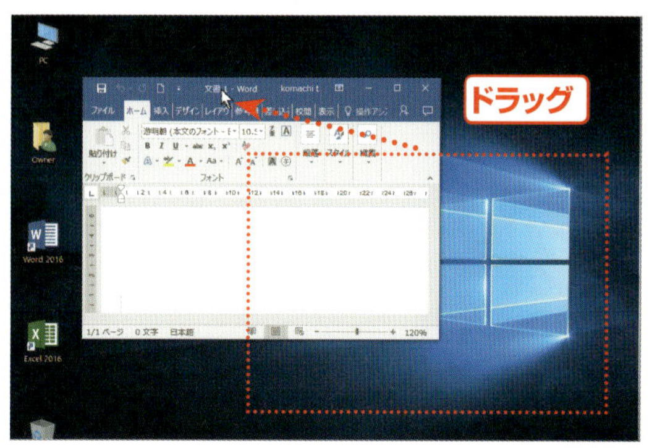

●ウィンドウサイズを変更する

ウィンドウの四隅にを移動して、形がになったらドラッグすると、サイズが変わります。

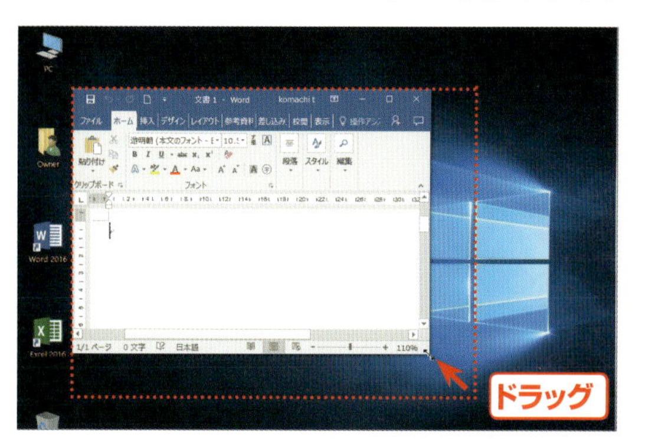

キーボード表

文字を入力するには、キーボードを使います。1つ1つのボタンを「キー」と呼びます。まずはよく使うキーから覚えましょう。ほとんど使わないキーもあります。

キーワード
- □キーボード
- □主なキー一覧
- □特殊文字

●キーボード

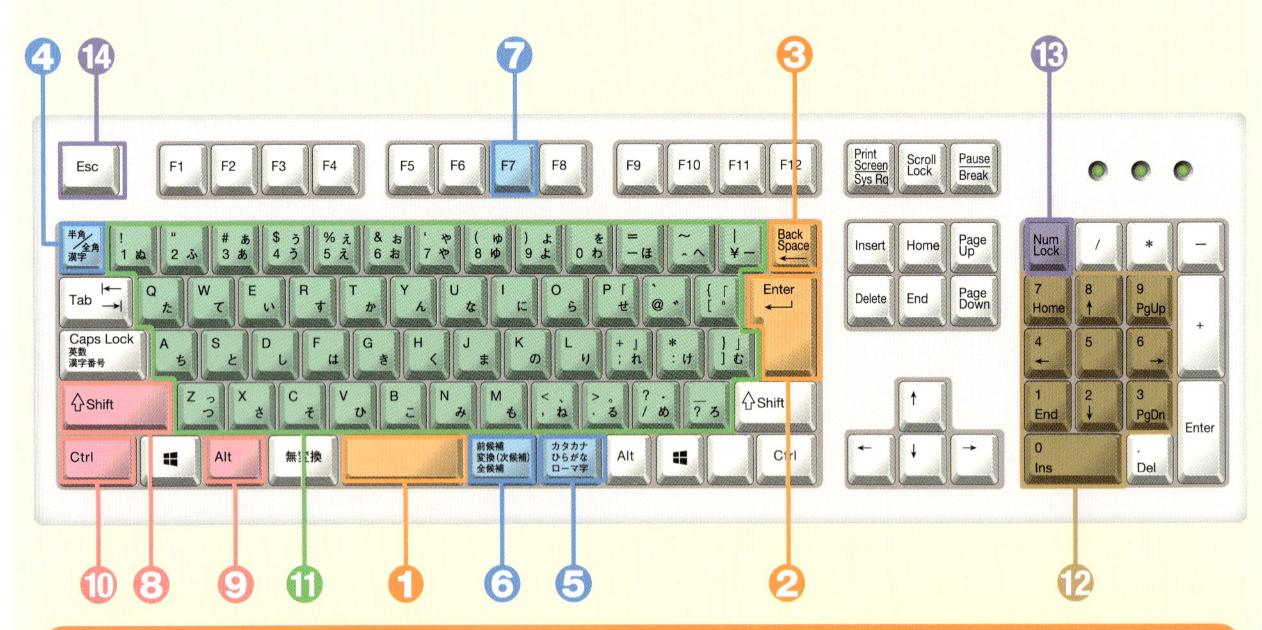

文字の入力で大切な役割のキー

❶ スペースキー

何も書かれていないキー。**日本語入力のとき**に、**ひらがなの入力直後**に押すと**漢字**や**カタカナ**などの変換の候補を表示して、選択できます。それ以外のときは、空白（スペース）が入力されます。

❷ Enter（エンター）キー

日本語入力のときに、変換候補を決定します。それ以外のときは改行します。

❸ BackSpace（バックスペース）キー

文字を消すためのキーです。文字カーソルの左側の文字が1つ消えます。

入力モードの切り替えを行うキー

④ 半角／全角キー
日本語入力と英語入力の切り替えができます。

⑤ カタカナ／ひらがなキー
⑨の Alt キーと組み合わせて押すことで、ローマ字入力とかな入力を切り替えることができます。

⑥ 変換キー
決定した文字を、再変換することができます。

⑦ F7 キー
日本語入力のときに、入力中の文字をカタカナに変換します。

ほかのキーと組み合わせて使うキー

⑧ Shift（シフト）キー
⑪の文字キーと組み合わせて使うと、キーの左上の文字や、英語の大文字を入力できます。

⑨ Alt（オルト）キー
⑤の カタカナ/ひらがな キーと同時に押すことで、ローマ字入力とかな入力が切り替わります。

⑩ Ctrl（コントロール）キー
複数のものを選択するときは、このキーを押しながら（左）クリックします。また、このキーを押したまま図形や写真などをドラッグすると、コピーができます。

文字の入力を行うキー

⑪ 文字キー
文字や、よく使う記号を入力できます。

数字の入力を行うキー

⑫ 数字キー
デスクトップパソコンや一部のノートパソコンにある、数字の入力を行うキーです。数字をすばやく入力する際に便利です。

トラブルに関連するキー

⑬ NumLock（ナムロック）キー
テンキーのないノートパソコンで、このキーがオンになっていると、文字キーの一部が数字キーになります。勝手に数字が入ってしまう場合は、このキーをもう一度押します。

⑭ Esc（エスケープ）キー
画面全体に映像や写真が表示されている状態や、パソコンの考え中を止めるときに押します。

●英語入力の特殊文字

. ドット 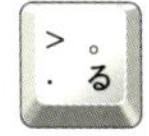

- ハイフン 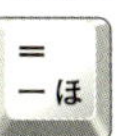

, カンマ 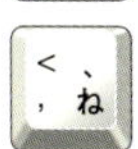

●日本語入力の特殊文字

。 まる 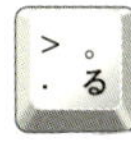

、 てん 

・ なかぐろ 

たくさんのキーがあるけど、実際によく使うキーの種類は限られています。
左の特殊文字はよく使うので、位置を覚えておこう！
ここで説明していないキーは、ほとんど使わないよ。

第2章 マウスを使ってアプリを起動しよう

12 文字を入力しよう

それでは、実際に文字を入力しましょう。入力をすればするほどいろいろな疑問が出てきますが、多少間違えても、読み進めていくうちに解決するはずです。

キーワード
- 文字の入力
- 文字カーソル
- 入力モード

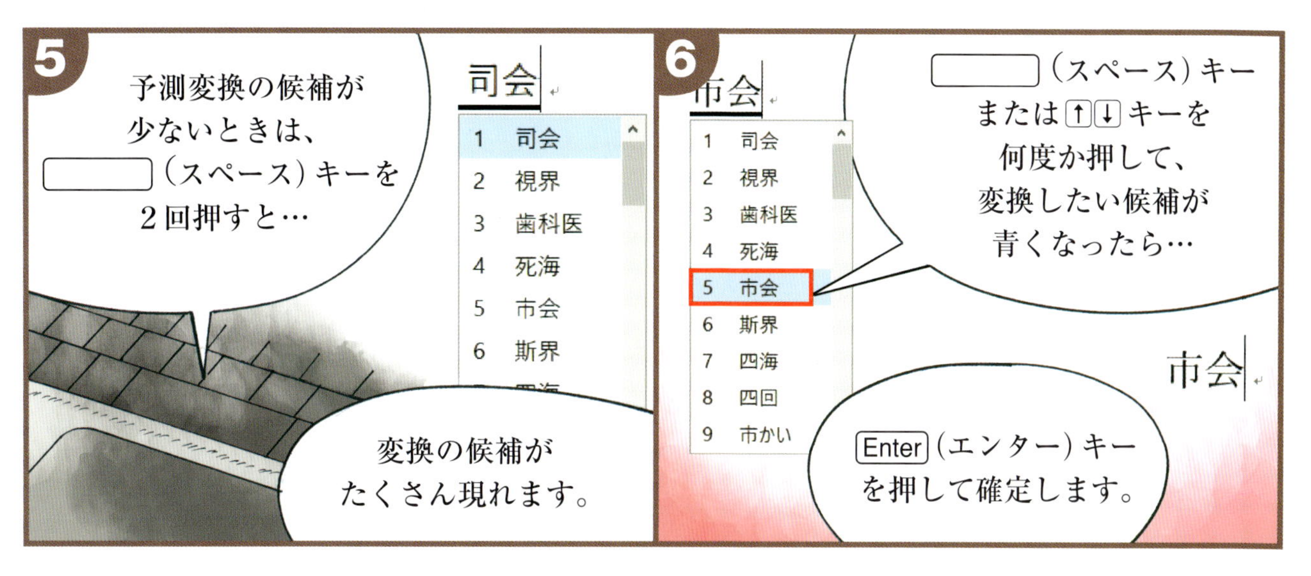
5
予測変換の候補が少ないときは、
（スペース）キーを2回押すと…
司会
1 司会
2 視界
3 歯科医
4 死海
5 市会
6 斯界
変換の候補がたくさん現れます。
6
市会
1 司会
2 視界
3 歯科医
4 死海
5 市会
6 斯界
7 四海
8 四回
9 市かい
（スペース）キーまたは↑↓キーを何度か押して、変換したい候補が青くなったら…
市会
Enter（エンター）キーを押して確定します。

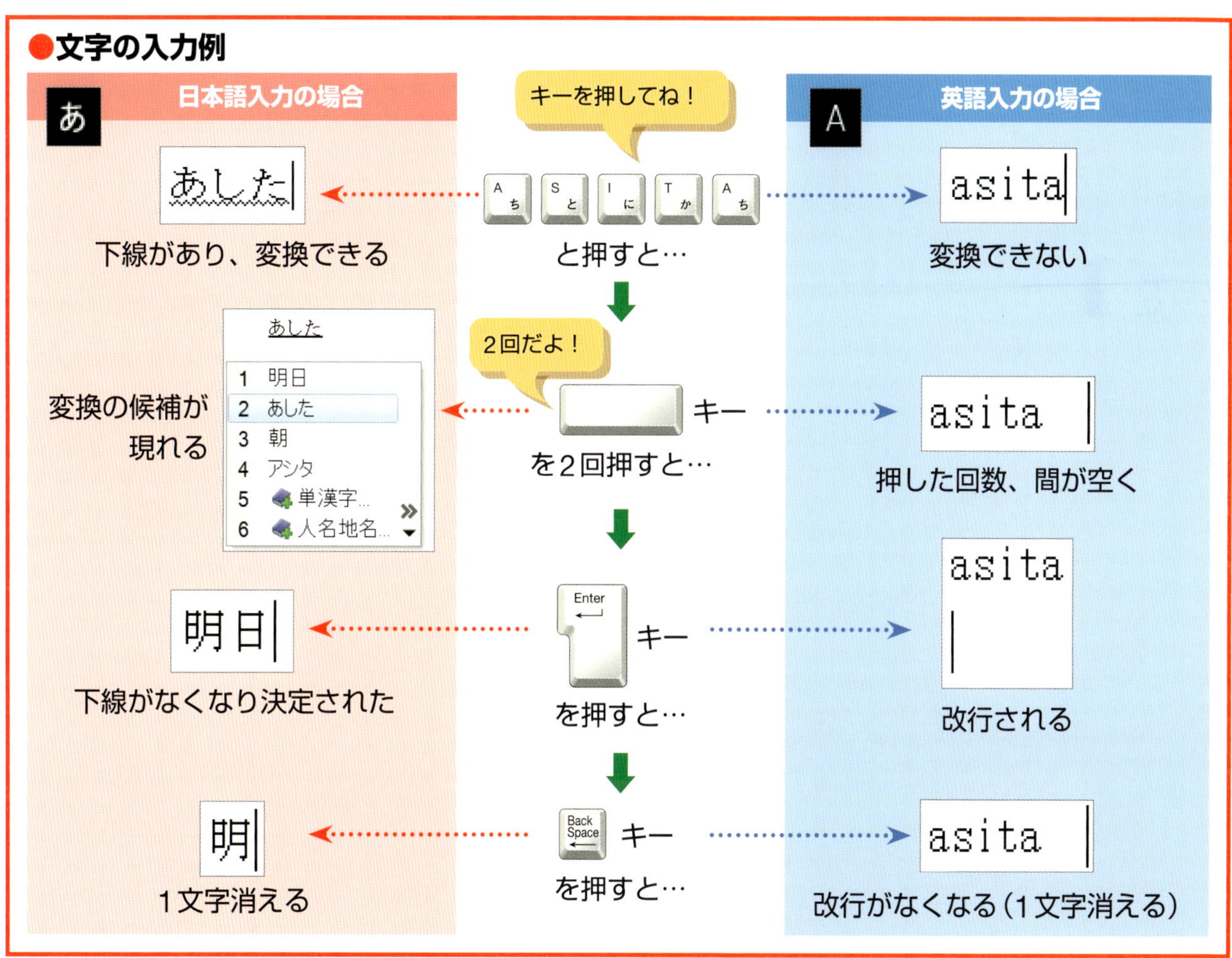
●文字の入力例
あ 日本語入力の場合
A 英語入力の場合
キーを押してね！
A ち S と I に T か A ち
と押すと…
あした
下線があり、変換できる
asita
変換できない
2回だよ！
キー
を2回押すと…
あした
1 明日
2 あした
3 朝
4 アシタ
5 単漢字...
6 人名地名...
変換の候補が現れる
asita
押した回数、間が空く
Enter
キー
を押すと…
明日
下線がなくなり決定された
asita
改行される
Back Space
キー
を押すと…
明
1文字消える
asita
改行がなくなる（1文字消える）

1 P45の方法で
ワードを起動し、
「白紙の文書」を
(左)クリックする

2 半角/全角 キーを押して
入力モードを
あ（ひらがな）にする

3 s i k a i と
入力する

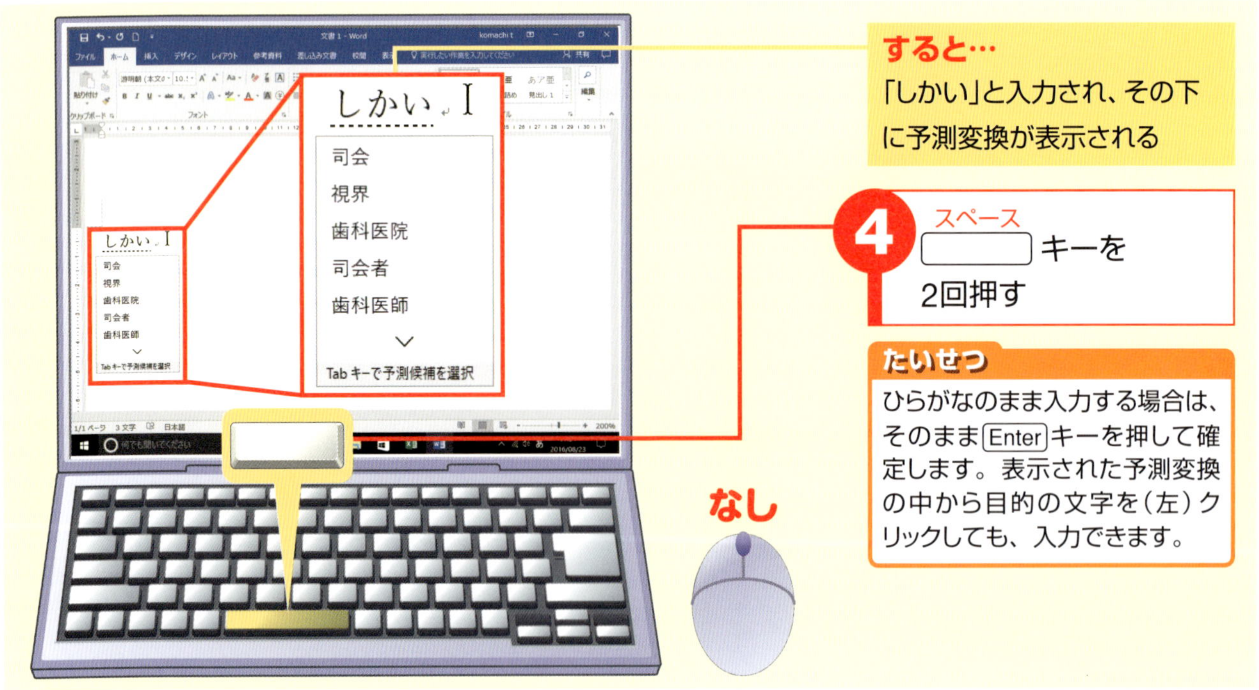

すると…
「しかい」と入力され、その下に予測変換が表示される

4 （スペース）キーを
2回押す

たいせつ
ひらがなのまま入力する場合は、そのまま Enter キーを押して確定します。表示された予測変換の中から目的の文字を（左）クリックしても、入力できます。

●**入力アプリ**　Windows標準の入力アプリがMicrosoft IME（マイクロソフトアイエムイー）だよ。ほかにもATOK（エイトック）やGoogle日本語入力なんていうのもあるよ。（小幡パル）

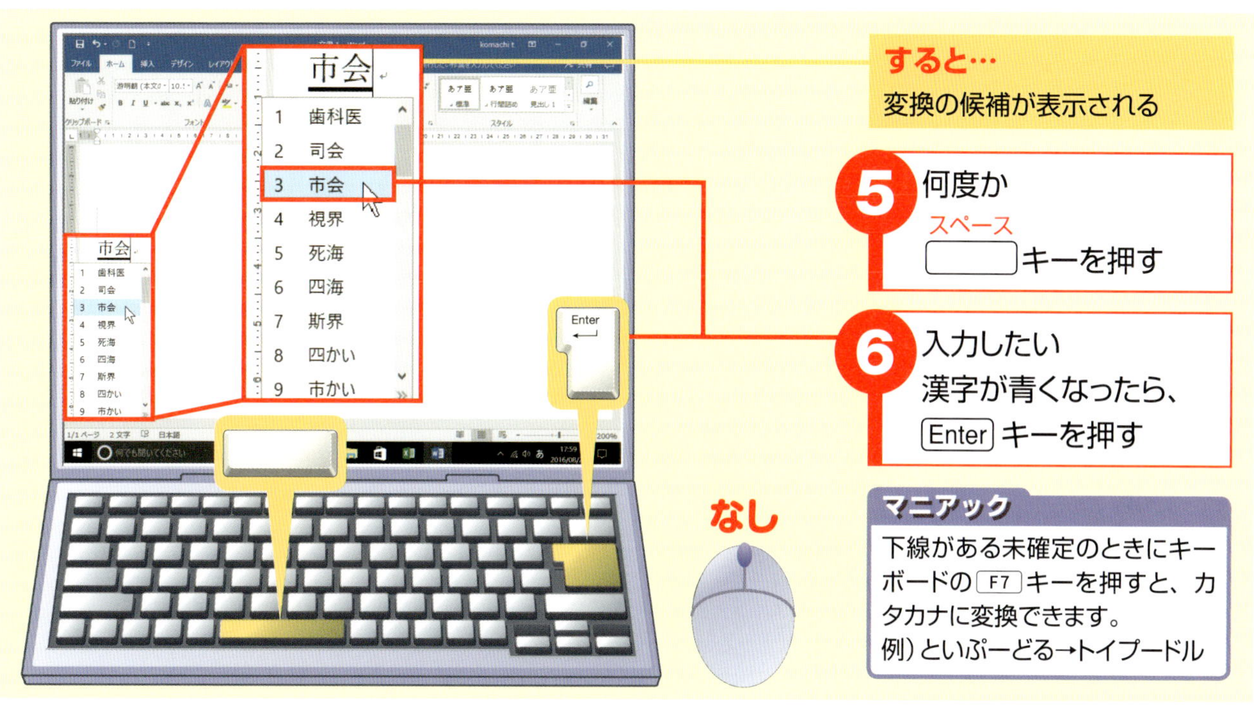

すると…
変換の候補が表示される

5 何度か スペース キーを押す

6 入力したい漢字が青くなったら、Enter キーを押す

マニアック
下線がある未確定のときにキーボードの F7 キーを押すと、カタカナに変換できます。
例）といぷーどる→トイプードル

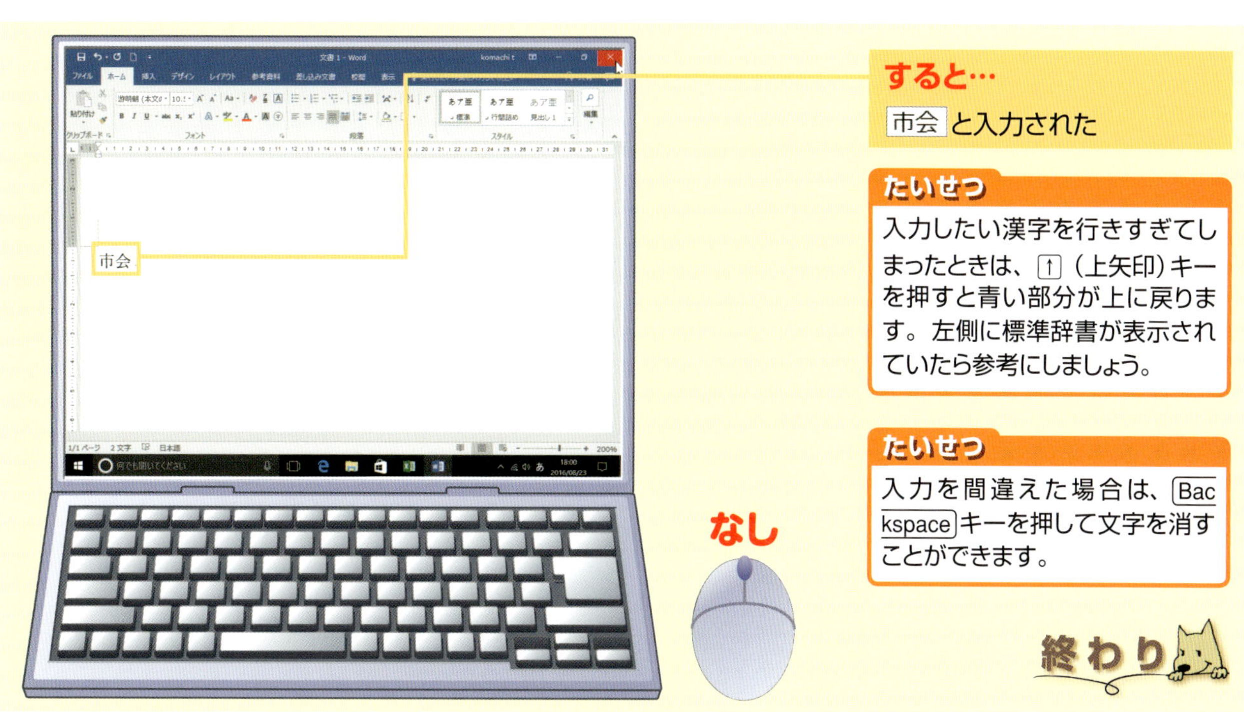

すると…
市会 と入力された

たいせつ
入力したい漢字を行きすぎてしまったときは、↑（上矢印）キーを押すと青い部分が上に戻ります。左側に標準辞書が表示されていたら参考にしましょう。

たいせつ
入力を間違えた場合は、Backspace キーを押して文字を消すことができます。

終わり

●**予測変換**　Windows 8以降に搭載された、数文字入力すると、入力される候補が自動で表示される機能のこと。スペースキー2回の変換よりも、候補の数は少ないよ。（松岡バディ）

アプリを終了しよう

ワードを終了するには、画面右上にある［閉じる］ボタンを（左）クリックします。作業が途中の場合は、［保存］ダイアログが表示されます。

キーワード
- □ 閉じる
- □ ［保存］ダイアログ
- □ アプリの終了

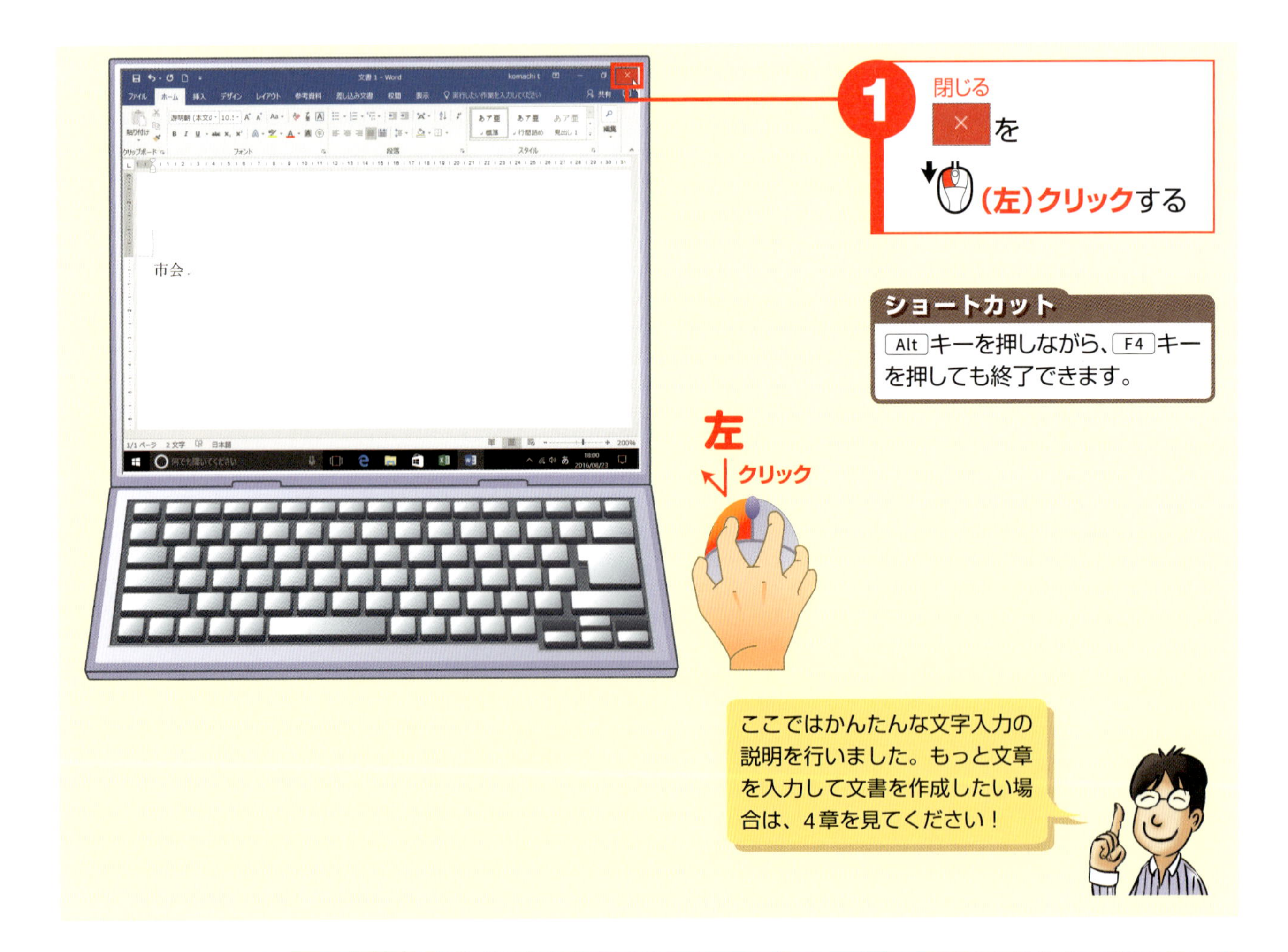

ショートカット
Alt キーを押しながら、F4 キーを押しても終了できます。

ここではかんたんな文字入力の説明を行いました。もっと文章を入力して文書を作成したい場合は、4章を見てください！

●タスクバーから終了　アプリを終了するには、タスクバーにあるアプリのアイコンを右クリックし、［ウィンドウを閉じる］を（左）クリックしても終了できるよ。（コユキ）

するとと…
保存するかどうかをたずねる
メッセージが表示される
2 今回は保存しないので、
[保存しない(N)]を
(左)クリックする
左
クリック

たいせつ

終了するときに表示されるメッセージは、作成した文書や絵を保存するかどうかをたずねるメッセージです。保存する場合は**[保存(S)]**を、今回のように破棄する場合は**[保存しない(N)]**を、元の画面に戻りたい場合は**[キャンセル]**を(左)クリックします。保存の詳細はP104を参照してください。

●**タッチパッドの停止**　タッチパッドの感度がよいと、文字の入力時に触れてしまい、カーソルが飛んでしまうことがあるよ。Fnキーとタッチパッドのマークを同時に押すと、オン・オフを切り替えられるよ。(ポポ)

Let's check!

マイクロソフトワードの各部名称を知ろう

マイクロソフトワードは、以下のような構成になっています。

クイックアクセスツールバー：よく使う機能がまとめられています。ボタンを右クリックして、追加することもできます。（元に戻す）は、間違った操作を元に戻せる便利なボタンです。

タブ：クリックすると、下のリボンがそのタブに関係するものに変わります。［ホーム］タブには、特によく使う機能がまとめられています。

リボン：ここに表示されるボタンを使って、文字の色を変えたり、イラストを入れたりといった操作ができます。

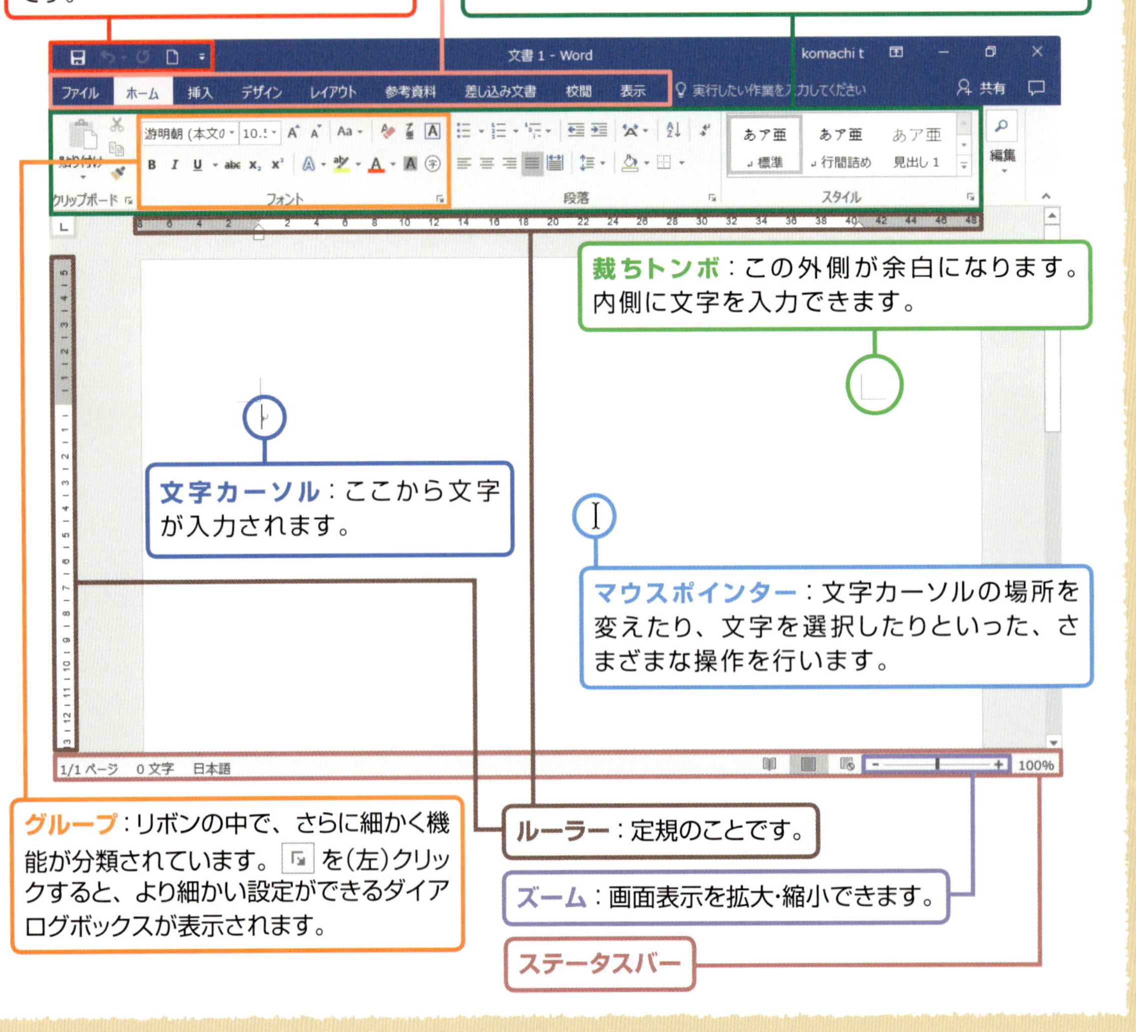
文書 1 - Word
komachi t
ファイル
ホーム
挿入
デザイン
レイアウト
参考資料
差し込み文書
校閲
表示
実行したい作業を入力してください
共有
貼り付け
クリップボード
游明朝 (本文の
10.5
フォント
段落
あア亜
標準
行間詰め
見出し 1
スタイル
編集
1/1 ページ　0 文字　日本語
100%
裁ちトンボ：この外側が余白になります。内側に文字を入力できます。
文字カーソル：ここから文字が入力されます。
マウスポインター：文字カーソルの場所を変えたり、文字を選択したりといった、さまざまな操作を行います。
グループ：リボンの中で、さらに細かく機能が分類されています。を（左）クリックすると、より細かい設定ができるダイアログボックスが表示されます。
ルーラー：定規のことです。
ズーム：画面表示を拡大･縮小できます。
ステータスバー

第 2 章

問題1

以下の画面で、それぞれの名称を答えましょう。

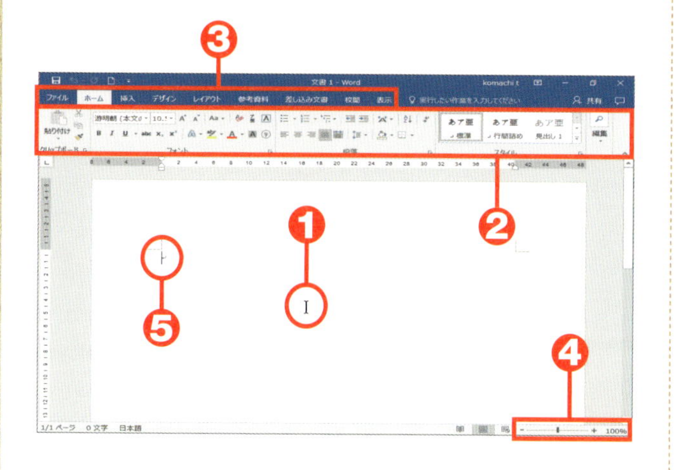

問題2

［　　　］に当てはまるものを記入しましょう。

アプリを起動する場合、最初に［❶　　　］ボタンを（左）クリックする。
画面いっぱいにウィンドウを広げたい場合は、［❷　　　］化する。
日本語を入力する場合は、［❸　　　］を「あ」の状態にして入力する。

よくある質問1

目的に合ったアプリを探すためのコツを教えて！

よくある質問2

パソコンを使っていると「アプリの更新をしますか？」などと表示されます。どうすればよいですか？

第2章 解答編

こたえ1

1. マウスポインター
2. リボン
3. タブ
4. ズーム
5. 文字カーソル

→ P60参照

こたえ2

1. スタート
2. 最大
3. 入力モード または 言語バー

→ P45、49、54参照

よくある質問の回答1

アプリは、目的に合わせてたくさんの種類があり、特徴や得意なことが少しずつ違います。初心者向けの優れたアプリの条件は、**①使い方がかんたん ②長く使える**ことです。使い方が難しいのはもちろんですが、すぐに使い方が変わったり…ほかのアプリに移行できなかったり…パソコンが変わったら利用できなくなる…のはイマイチです。

●オススメアプリ一覧
Office（ワードやエクセルなど）・クローム・ラベル屋さん

よくある質問の回答2

パソコンの中に入っているアプリの中には、ウイルス対策ソフトのように、新しいウイルスに対応するため、最新の状態にしておく必要があるものがあります。ほかにも不具合を修正するため、**更新（アップデート）**が必要になるものもあります。
更新を促すメッセージが表示された場合、文面を読めば、何のアプリを更新しようとしているかがわかります。よくわからなければ、[キャンセル]、[はい]、[閉じる] のいずれかを（左）クリックしましょう。
不安になるメッセージですが、思っている以上に、気にすることのないものがほとんどです。

この章を読み終えたら ✔ チェックしよう！

☐1回目　☐2回目　☐3回目　☐4回目　☐5回目　☐6回目　☐7回目

第3章

インターネットを楽しもう

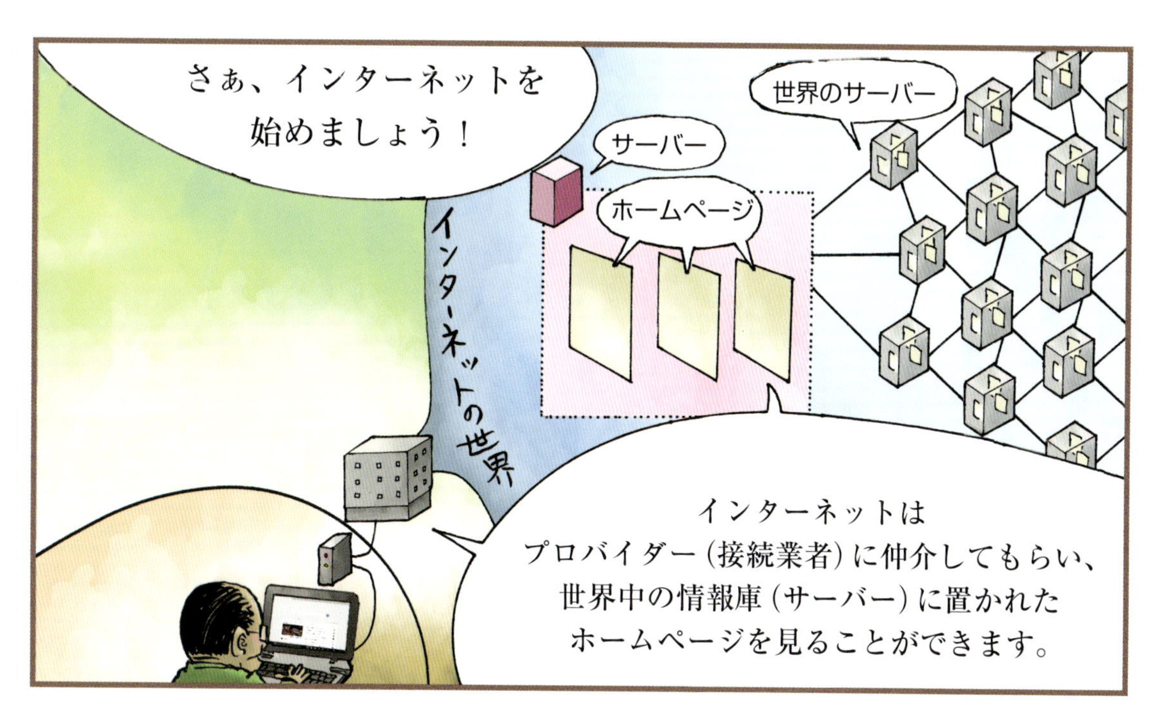

理解したら✓チェックしよう！

- □ インターネットとは何か、答えられる
- □ ブラウザーを起動できる
- □ アドレスを入力してホームページを見られる
- □ Googleマップを楽しめる
- □ メールで何ができるかわかる

インターネットを始めよう!

インターネットを使えば、世界中のさまざまな情報にアクセスすることができます。また、距離に関係なく、世界中の人と連絡を取り合うことができます。

キーワード
- □ プロバイダー
- □ 有線
- □ 無線

光		フレッツ光	
ケーブルテレビ		J:COM	
ADSL		Yahoo! BB	
モバイル		UQ WiMAX	
公衆無線		市区町村カフェ他	0円

02

ブラウザーの基本

インターネットを見るアプリであるブラウザーには、いくつかの種類があります。Windows 10からはエッジ、安定感のあるクロームなどがあります。

キーワード
- ブラウザー
- エッジ
- クローム

1 インターネットを使ってホームページを見るには、**ブラウザー**を利用します。無料なのでいくつか使えるようにしておくとよいよ。

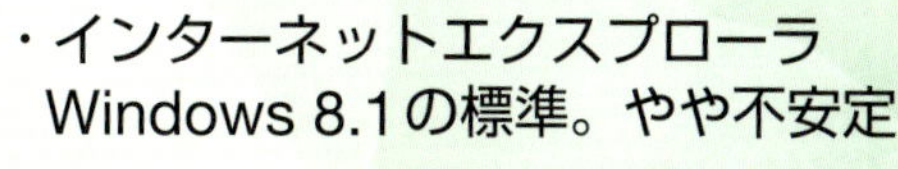

- マイクロソフトエッジ Windows 10標準
- インターネットエクスプローラ Windows 8.1の標準。やや不安定
- グーグルクローム 安定して動作する

ブラウザーの種類

2 どのブラウザーでも、使い方はほぼ同じです。

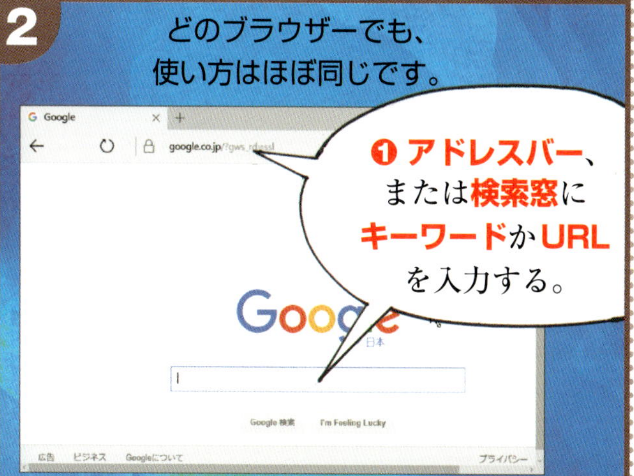
❶ アドレスバー、または検索窓にキーワードかURLを入力する。
Google
google.co.jp
Google 検索
I'm Feeling Lucky
広告
ビジネス
Googleについて
プライバシー

URL：ホームページの住所。http://から始まる。

3 Enter キーを押すと、検索が実行されます。

4

Enter
検索結果
新しいタブ
新しいタブで開けば、検索結果のページを保ったまま、ページの切り替えができます。
京都観光おすすめスポット
金閣寺
LOHACO
京都 旅館 &新幹線セット | nta.co.jp
気を付けたいのが、広告やバナー。入力したキーワードとは直接関係ありません。正規の結果から探すように！
では、実際にやってみましょう。

03 ブラウザーを起動しよう

インターネットで情報を探す場合に利用する、最新のアプリがエッジです。ここでは、起動方法と各部名称を学びます。

キーワード
- □ エッジ
- □ アドレス
- □ タブ

1 タスクバーの
エッジ
を
(左)クリックする

同じにならなかったら…
を(左)クリックし、Internet Explorer または Chrome(クローム)を(左)クリックします。

2 写真または青文字に
を移動し、
になったら
(左)クリックする

●**ブラウザーの選択**　技術の進歩の速いインターネットでは、正常に見られないホームページがあったりするよ。そこで、Chrome(クローム)など複数のブラウザーを使えるようにしておこう。(佐藤ひめ)

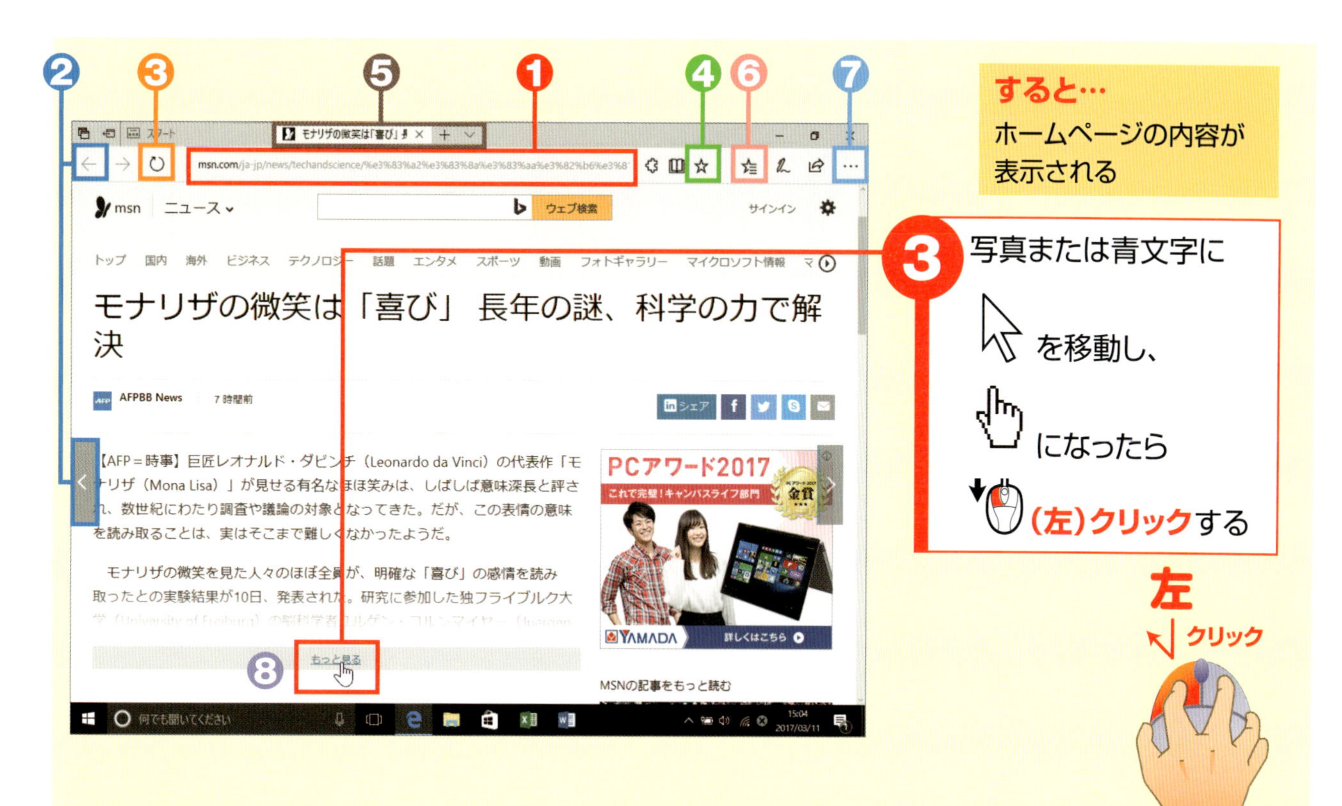

❶ アドレス msn.com/ja-jp/news/world/%e

現在表示しているホームページのアドレス(住所)が表示されます。自分が見たいホームページのアドレスを入力することもできます(P69参照)。

例) http://www.google.co.jp
- サービス提供元の名前です
- 組織の種類を意味します
  co:企業　ne:ネットワーク
  go:政府　ac:大学
- 国を意味します
  jp:日本　cn:中国

❷ 戻る

(左)クリックすると、前に見ていたホームページに戻ることができます。

❸ 再読み込み

現在表示しているページを再読み込みします。うまくページが表示されない時に利用します。

❹ お気に入り

現在見ているページを「お気に入り」や「リーディングリスト」に登録します。

❺ タブ

タブを利用すると、複数のページを表示して、素早く切り替えることができます。× はブラウザーを終了せずタブだけを閉じます。＋ は新しい空白タブを開きます。∨ はプレビューできます。

モナリザの微笑は「喜び」 × ＋ ∨

❻ ハブ

「お気に入り」や「リーディングリスト」に登録した項目や、「ダウンロード」した履歴を表示します。

❼ 詳細

「印刷」や「ページのピン留め」、「設定」ができます。

❽ リンク

青文字になっていたり、下線が引いてある文字列、画像などを(左)クリックすると、その内容のページに移動できます。

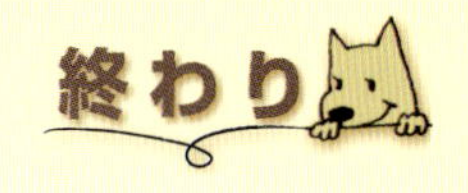

ホームページを検索しよう

次に、見たいページを表示してみましょう。ここでは、Googleにキーワードを入力して、候補の中から見たいホームページを選びましょう。

キーワード
- □ アドレス
- □ 検索
- □ キーワード

1
じゃあいろいろ調べ方、教えて～
旅行とか！レシピとか！
それでは、インターネットで調べものをするコツをお教えします。
2
最初に、調べたいキーワードを入力します。
京都　穴場
キーワードとキーワードの間は、スペースで区切ります。
どちらも含まれるのでアンド検索と呼ぶよ。

画像や地図、動画、ニュースなども検索できます。
画像が検索できた

4

キーワードをスペースで区切る他にも、いずれか1つのキーワードを含めるORや「“」などの記号を使った検索もあります。

京都 OR 奈良　穴場　-定番

詳しくはP80 の
Let's check！ を見てね！

1
アドレス
msn.com/ja-jp/news/world/%e を
(左)クリックする
2
「google.co.jp」と
入力し、
Enter キーを押す
左
クリック
たいせつ
アドレスを(左)クリックすると、中の文字が青く反転し、そのまま入力できます。

すると…
Googleのホームページが表示される
3
検索窓
を
(左)クリックする
4
「京都　穴場」と
入力し、
Enter キーを押す
左
クリック

●検索エンジン　検索エンジンには、GoogleやBing、Yahoo! JAPANなどの種類があるよ。Yahoo! JAPANは、Googleの検索エンジンを借りて微調整を行い、広告を貼り付けて表示させているんだ。（松岡バディ）

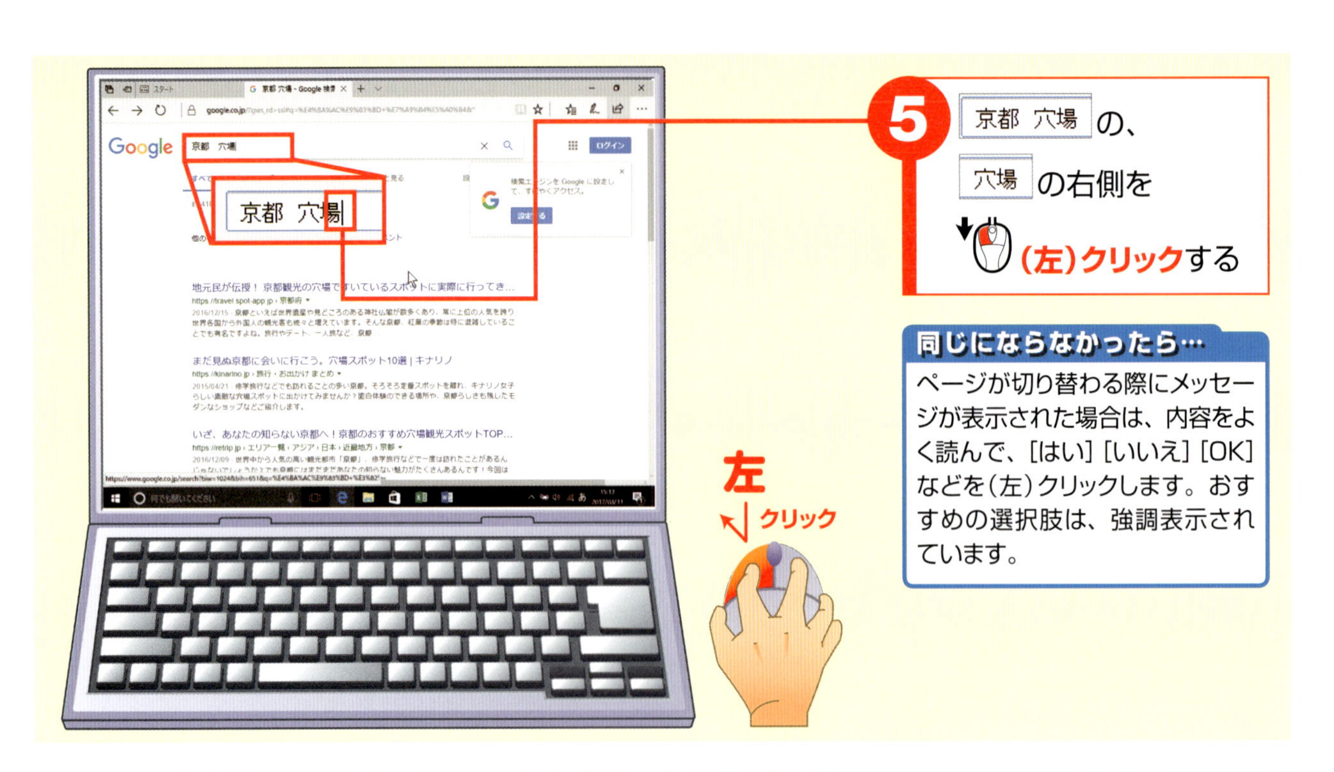

5 京都 穴場 の、
穴場 の右側を
(左)クリックする

同じにならなかったら…

ページが切り替わる際にメッセージが表示された場合は、内容をよく読んで、[はい] [いいえ] [OK] などを(左)クリックします。おすすめの選択肢は、強調表示されています。

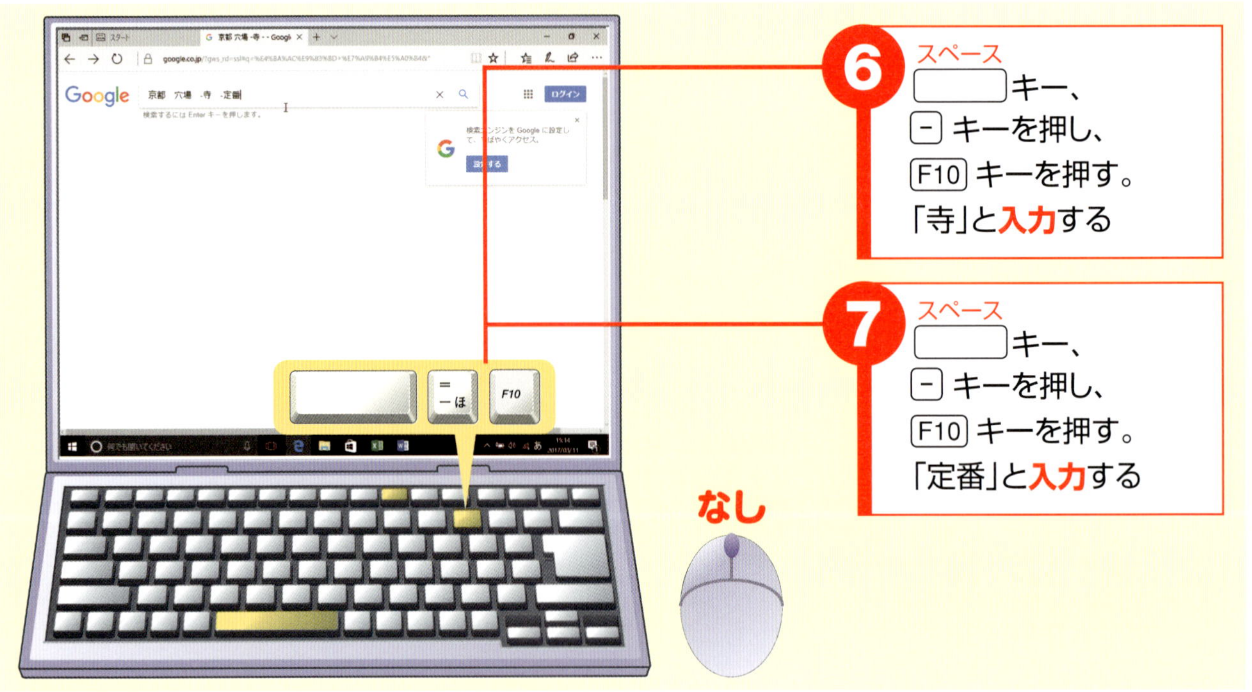

6 スペース キー、
- キーを押し、
F10 キーを押す。
「寺」と**入力**する

7 スペース キー、
- キーを押し、
F10 キーを押す。
「定番」と**入力**する

●**検索広告**　インターネットの情報が無料なのは、テレビCMと同じで広告があるからだよ。検索結果の中に、広告が表示されるよ。探している情報とは関係ないこともあるよ。(松岡バディ)

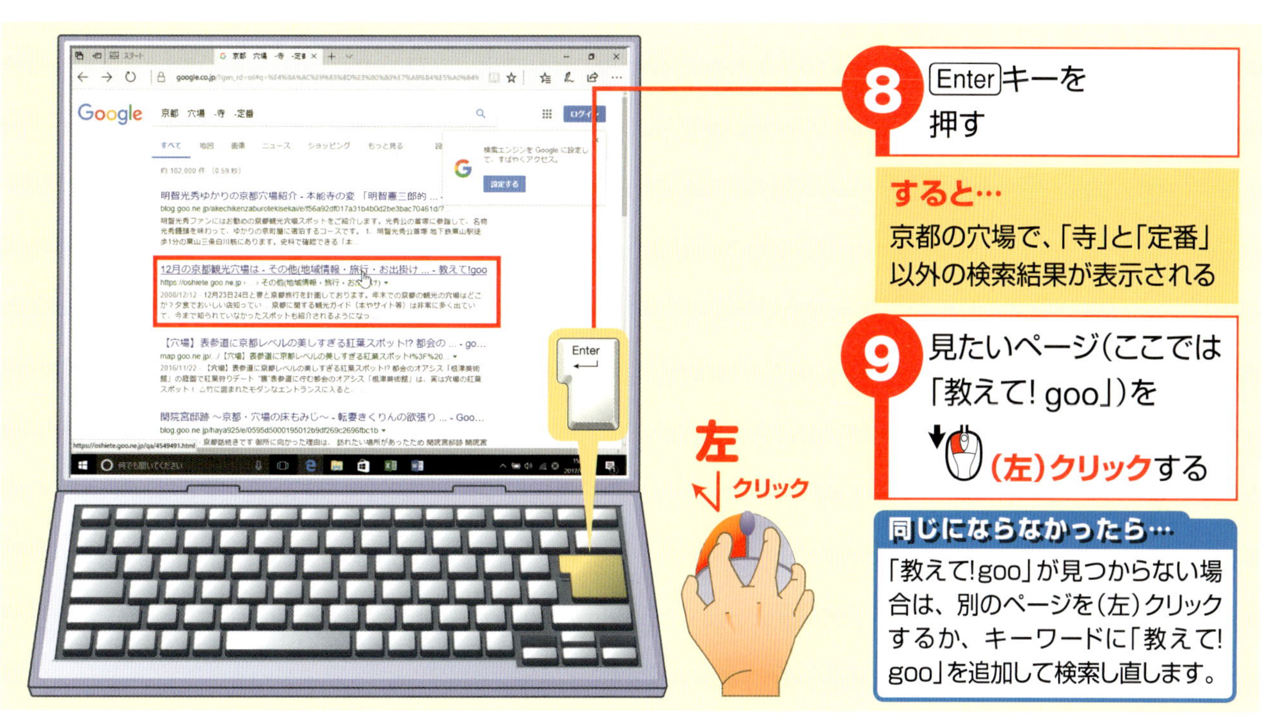

8 Enter キーを押す

すると…

京都の穴場で、「寺」と「定番」以外の検索結果が表示される

9 見たいページ（ここでは「教えて! goo」）を **（左）クリック**する

同じにならなかったら…

「教えて!goo」が見つからない場合は、別のページを（左）クリックするか、キーワードに「教えて!goo」を追加して検索し直します。

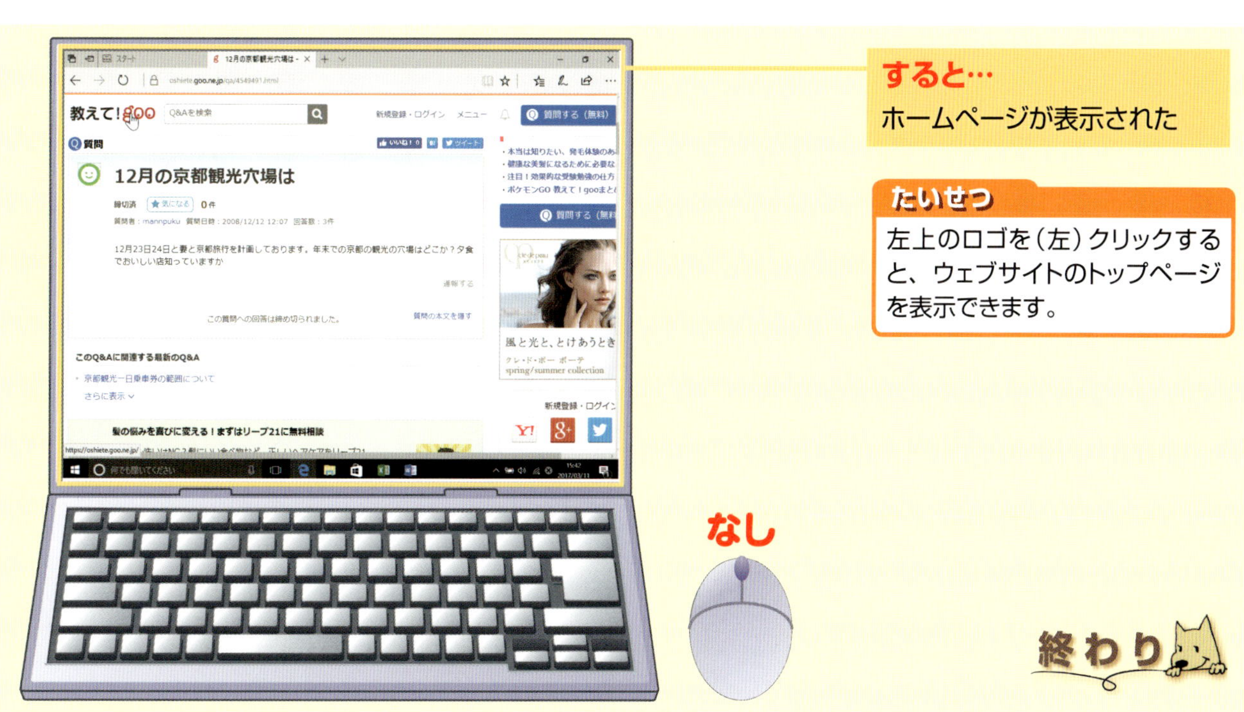

すると…

ホームページが表示された

たいせつ

左上のロゴを（左）クリックすると、ウェブサイトのトップページを表示できます。

●**HTML（エイチティエムエル）** ホームページが作られている言語のことを、HTMLというよ。ファイル名に付いている拡張子は.htmlだよ。（鈴木ジャック）

ホームページを見よう

ホームページのレイアウトは、雑誌風やニュースなど、さまざまなものがあります。ここでは代表的なレイアウトを例に、スクロールやタブの使い方を覚えましょう。

キーワード
- □ホームページ
- □リンク
- □タブ

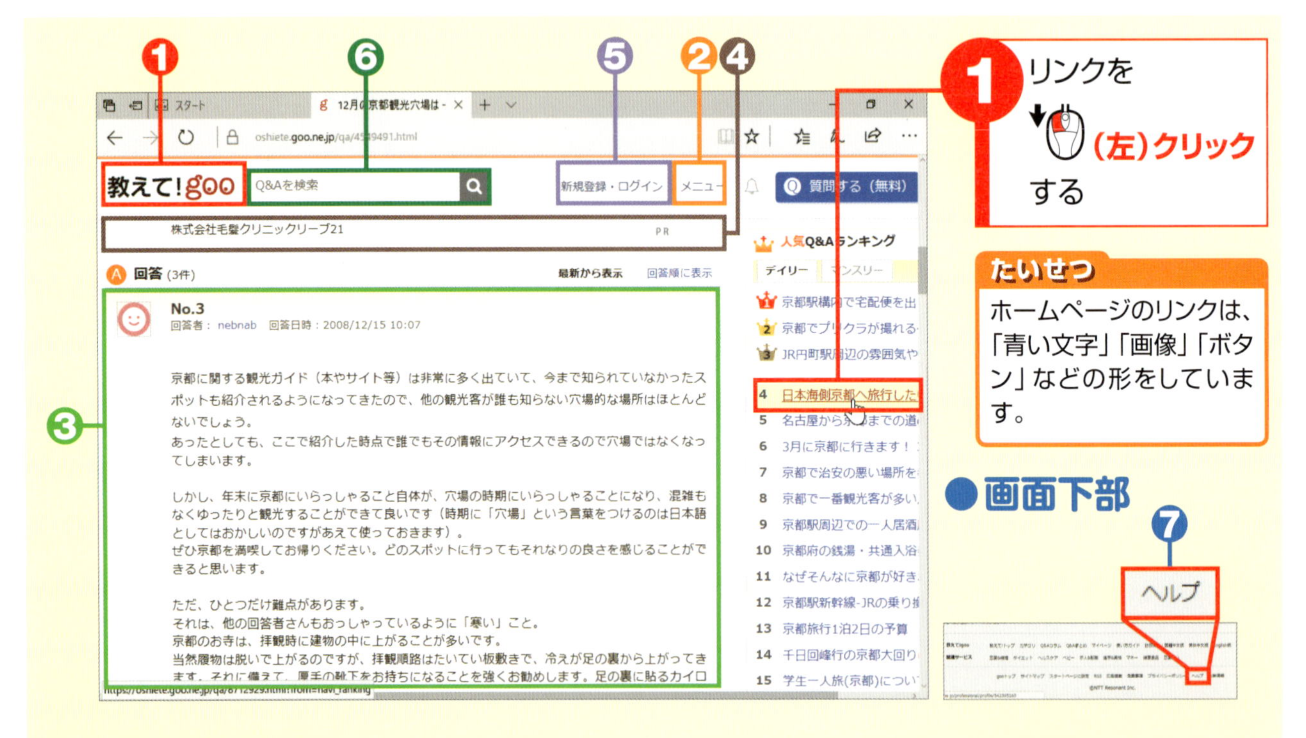

たいせつ

ホームページのリンクは、「青い文字」「画像」「ボタン」などの形をしています。

❶ **ロゴ**：(左)クリックすると、ウェブサイトの最初のページ(トップページ)に戻ります。

❷ **メニュー**：中央に配置されたメインメニュー、左右に配置されたサイドメニューがあります。

❸ **内容・コンテンツ**：ページの中身です。イチ押しの情報や更新情報があります。

❹ **広告**：多くのウェブサイトは広告でなりたっています。PRなどの表記があります。

❺ **ログイン**：あらかじめ会員登録をしておくと、ポイントがたまるなどお得なサービスを受けられます。

❻ **検索窓**：ウェブサイト内の情報を検索します。

❼ **ヘルプ・問い合わせ先**：よくある質問や運営者への問い合わせがあります。たいていページの一番下にあり、信頼できる情報かどうかの判断の目安になります。

すると…
次のページが表示される

2 リンクを
右クリックする

3 [新しいタブで開く]を
(左)クリックする

マニアック
ホームページの１つのまとまりのことをウェブサイトと呼びます。左の画面は、「教えて!goo」のウェブサイトです。

すると…
新しいタブができる

4 新しいタブを
(左)クリックする

すると…
新しく開いたページが表示される

終わり

インターネットの情報は、誰でも自由に発信できるため、書籍や新聞よりも若干信頼度が劣ります。発信元を確認したり、有名なウェブサイトかどうかで信頼度を測りましょう。（斎藤リリー）

06 動画を見よう

インターネットを利用すれば、テレビでは見ることができない映像を、自分の好きなときに無料で楽しむことができます。

キーワード
- 動画
- GYAO!
- 再生

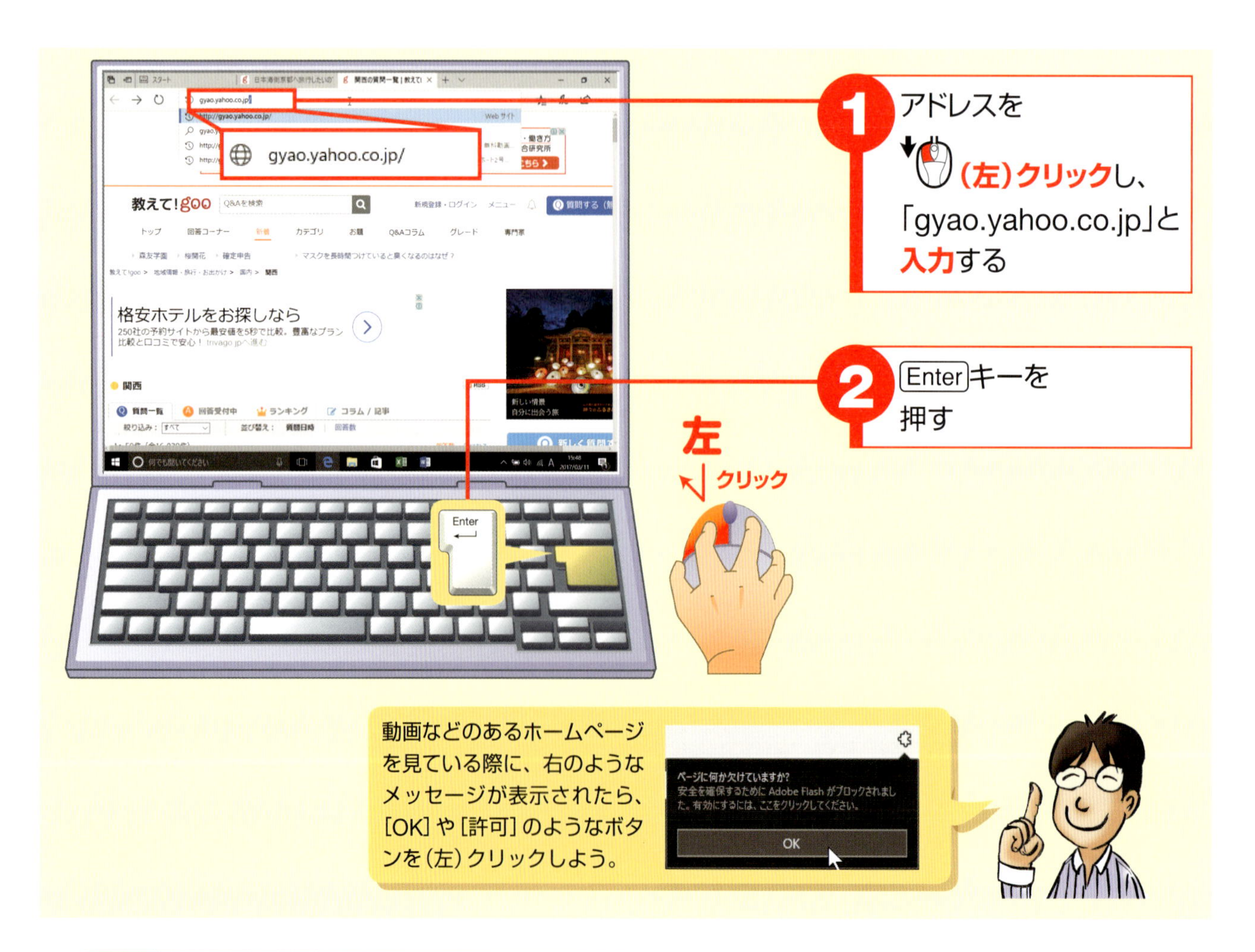

gyao.yahoo.co.jp/
1 アドレスを (左)クリックし、「gyao.yahoo.co.jp」と入力する
2 Enterキーを押す
左
クリック
Enter
動画などのあるホームページを見ている際に、右のようなメッセージが表示されたら、[OK]や[許可]のようなボタンを(左)クリックしよう。
ページに何か欠けていますか?
安全を確保するために Adobe Flash がブロックされました。有効にするには、ここをクリックしてください。
OK

●Flash(フラッシュ) インターネットでゲームや地図・動画など、動きのあるページで使われているしくみのこと。インターネットを利用しているとアップデート・許可などの表示が出ることがあるよ。(岩間めぐ)

●**アカウント**　パソコンやメールなど利用者を区別するためのもの。ユーザーID・ユーザーアカウント・ユーザー名は、すべて同じ意味だよ。(伊藤春之介)

07

地図を楽しもう

Googleマップ（グーグルマップ）は、道路地図だけでなく、航空地図や、まるで街を歩いているかのように世界中の景色を見ることもできる、楽しい地図です。

キーワード
- □ 地図
- □ Googleマップ
- □ ストリートビュー

maps.google.co.jp
教えて！goo
格安ホテルをお探しなら
Enter
1
アドレス
gyao.yahoo.co.jp/ を
(左)クリックして、
「maps.google.co.jp」と
入力する
2
Enter キーを
押す
左
クリック
「google」の「l」は「L」の小文字だよ。「i」と間違えないようにね！

●**ログイン**　インターネット上の会員サービスを利用するために、アカウント名とパスワードを使って入室することを、ログインと呼ぶよ。（みき）

すると…
Googleマップのホームページが表示された

3 地図の左上にある［検索ボックス］に「花見小路通」と**入力**し、Enterキーを押す

［検索ボックス］にキーワードや住所を入力することで、見たい場所の地図を表示することができます。ちなみに、こまちではなく小路(こうじ)です。

すると…
祇園の周辺地図が表示される

❶航空写真
(左)クリックすると、地図がGoogle Earthの表示に変更されます。

❷ズーム ＋ －
地図に近づいたり(＋)、全体を引いて見たり(－)できます。マウスのホイールを回転させても、同じ操作ができます。

なし

❸ペグマン
このアイコンを地図上にドラッグすることで、ストリートビュー表示にできます。

●**クロームを入手**　Googleマップなどのグーグルのウェブサービスを利用しているときに上部に表示される［利用する］をクリックすると、クロームのダウンロード画面が表示されるんだ。(ポポ)

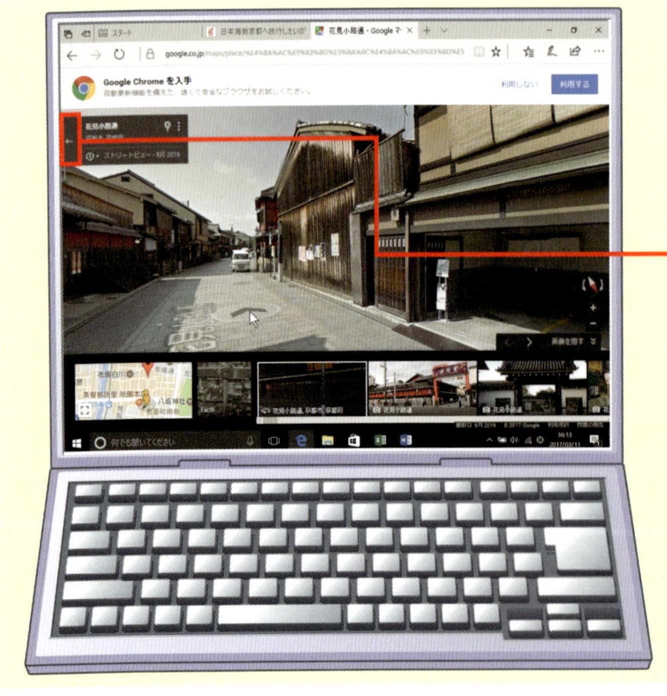

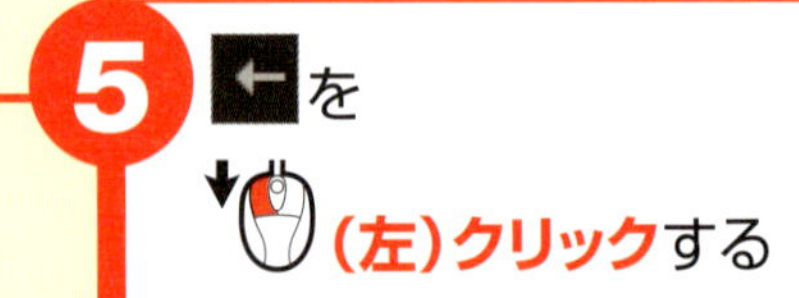

5 を

(左)クリックする

を(左)クリックすると、道を進むことができます。
の矢印を(左)クリックするか、画面上をドラッグすると、周辺をぐるっと360度、見ることができます。

●Web(うぇぶ)　日本語でクモの巣のこと。世界中にクモの巣のように張りめぐらされているインターネットの様子を表現しているんだ。(伊藤りく)

すると…
元の地図に戻る

6 [ルート・乗換]を(左)クリックする

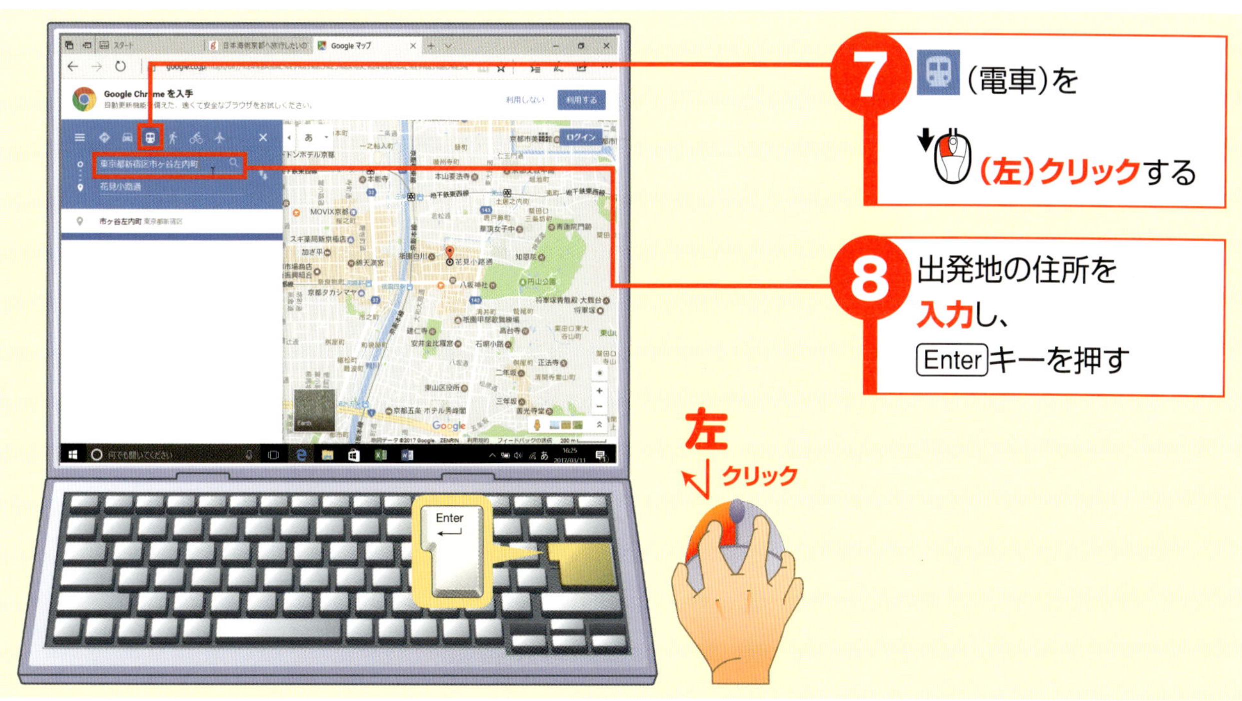

7 (電車)を(左)クリックする

8 出発地の住所を入力し、Enterキーを押す

●**オンライン**　インターネットに接続されていることをオンラインといい、反対に接続されていないことをオフラインというよ。(渡部ファービー)

すると…
電車でのルート案内が
表示される
マニアック
インターネットは無料で利用できるものが多いですが、“登録”をすることでより便利になります。登録するには、メールアドレス、アカウント名、パスワードなどを各サービスごとに設定します。
なし
終わり

Let's check!

検索のテクニック

検索窓に様々な記号やキーワードを入れて組み合わせることで、よりすばやくホームページを見つけることができます。キーワードとキーワードの間には、スペース（空白）を入れることを忘れないようにしてください。

京都 -寺社	寺社を除いたホームページを検索する
京都 OR 奈良	京都または奈良のホームページを検索する
"そうだ京都へ行くべ"	一字一句、順番もこの通りの文字を含むページを検索する
スカイツリー　site:wikipedia.org	辞書サイト「ウィキペディア」内のページで、スカイツリーが含まれるものすべてを検索する

どの検索エンジンにも、検索窓の周辺に画像やニュース、地図などのボタンがあります。これらを（左）クリックすると、キーワードに応じた画像やニュースが表示されます。

オススメのホームページ

ここではオススメのホームページを紹介します。青字が、それぞれのページのアドレスです。

YouTube

さまざまな人が投稿している動画サイトです。

youtube.com

価格コム

家電やプロバイダー、保険、新電力、格安SIMなど、価格を比較できるサイトです。

kakaku.com

ウィキペディア

無料の百科事典サイトです。

ja.wikipedia.org

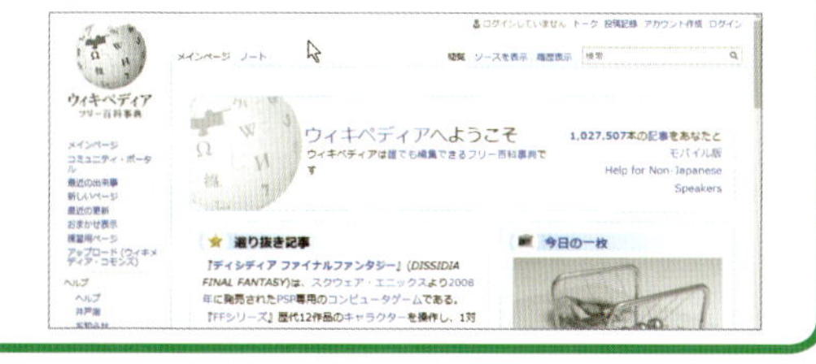

青空文庫

著作権が切れた書籍を無料で読めるサイトです。

www.aozora.gr.jp

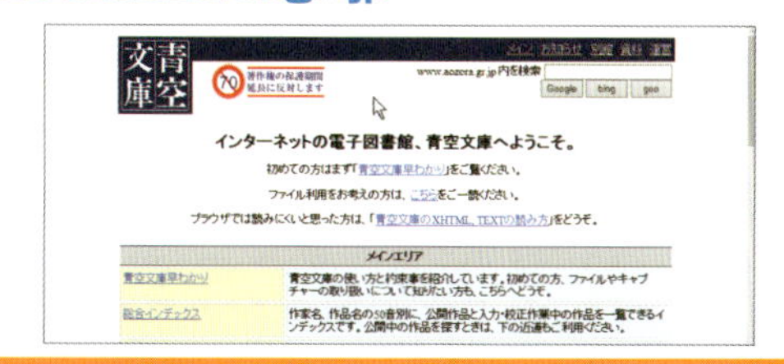

クックパッド

大量のレシピの検索ができるサイトです。

cookpad.com

食べログ

さまざまなグルメの情報や、口コミを探せるサイトです。

tabelog.com

08 ホームページを印刷しよう

ホームページには、印刷用の画面が用意されているものと、用意されていないものがあります。どちらも印刷の方法はほぼ同じです。

キーワード
- □ 印刷
- □ 印刷用ページ
- □ プリンター

1 […]を (左)クリックする

2 [印刷]を (左)クリックする

同じにならなかったら…

Ctrlキーを押しながらPキーを押します。

たいせつ

印刷したいページに 印刷する などのボタンがある場合は、(左)クリックすると、印刷用のレイアウトになります。

●**スタートにピン留め**　[詳細]メニューの印刷の近くにある機能。よく利用するホームページを、スタート画面にピン留めすることができるよ。（松岡バディ）

すると…

印刷用のページが表示される

3 利用するプリンター名を

(左)クリックする

4 印刷 を

(左)クリックする

すると…

印刷が開始される

終わり

プリンター名が見つからない場合は、[すべてのデバイスを表示]または[プリンターの追加]を(左)クリックします。またはドライバーのインストールが必要かもしれません。(小林くー)

メールを知ろう

ここではメールの種類や方法について、かんたんに説明します。メールをやり取りするアプリや方法はたくさんあります。自分に合った利用方法を選びましょう。

キーワード
- メール
- Outlook
- Webメール

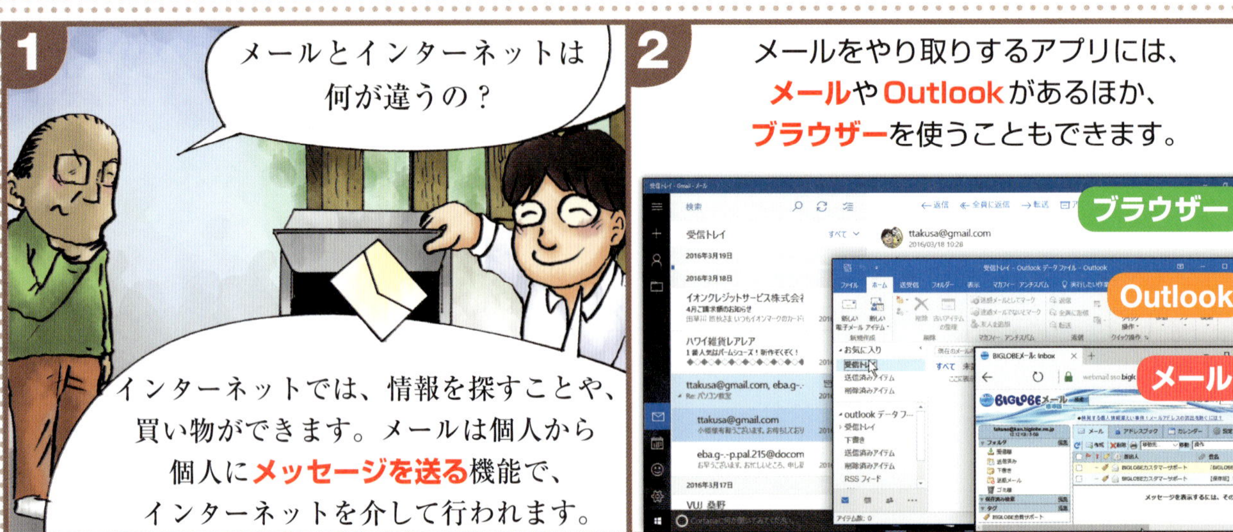

メールをやり取りするアプリや方法について

メールをするアプリや方法はたくさんあります。ここでは一部を紹介しますので、自分に合ったものを探してみましょう。

メール（ストアアプリ）

P47で説明するMicrosoftアカウントでログインすると利用できます。シンプルなレイアウトで、機能も必要最低限です。

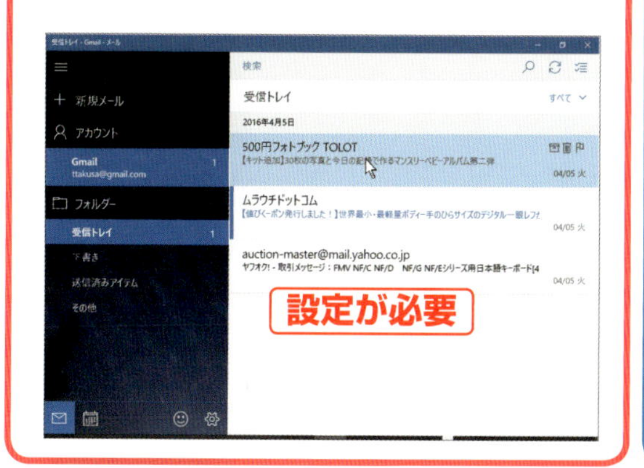

Outlook.com（Webメール）

インターネットのサービスを利用してメールのやり取りを行います。ストアアプリのメールよりも高機能で、別のパソコンやスマートフォンからでも、利用できます。また、今まで利用していたプロバイダーのメールの送受信も可能です。

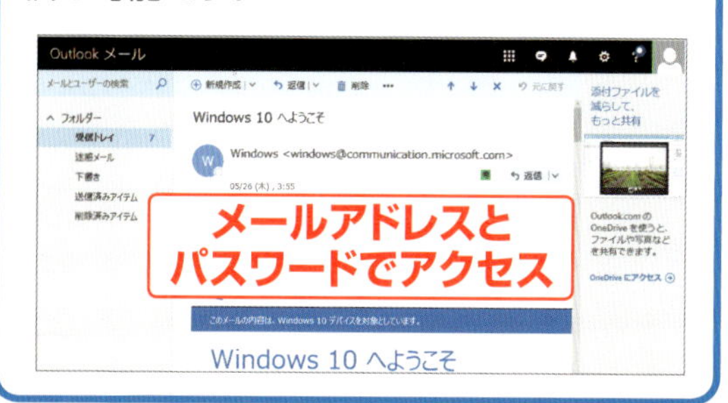

Gmail（Webメール）

インターネットのサービスを利用してメールのやり取りを行います。迷惑メール対策機能や、いろいろな機能が豊富に用意されています。別のパソコンやスマートフォンからでも、利用できます。また、今まで利用していたプロバイダーのメールの送受信も可能です。

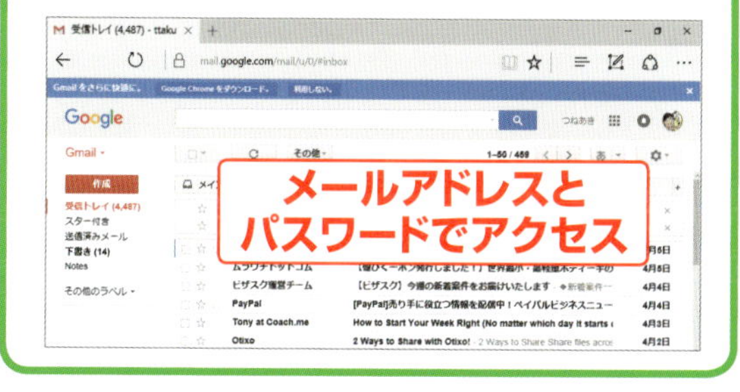

Outlook

国内メーカーの多くのパソコンにインストールされている、有料のOffice製品です。メール以外にカレンダー機能などもあります。

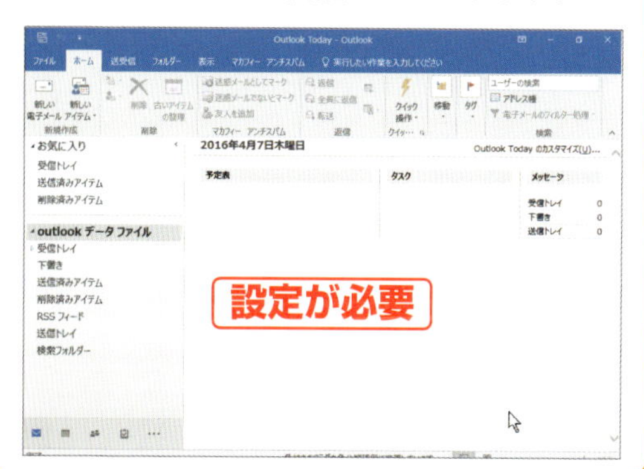

Let's check!

無線LANに接続しよう

無線LANは、自宅の無線ルーターや外出先のホテルやカフェなどに飛んでいる**Wi-Fi**（ワイファイ）に接続することで、インターネットを利用する方法です。

●接続する手順

❶ 飛んでいるWi-Fiをキャッチする

SSIDと呼ばれる名前で認識します。

❷ セキュリティキー（暗証番号）を入力する

暗証番号は、ルーターに記載されているほか、ホテルやカフェなどでは無料で配布されています。

❸ 接続マークが付く

接続マークが付けば完了です。

●Windows 10での接続方法

❶ 通知領域の無線マークを（左）クリックします。

❷ キャッチした無線の一覧が表示されます。接続したい無線を（左）クリックします。わからない場合は、もっとも電波の強いものを選択しましょう。

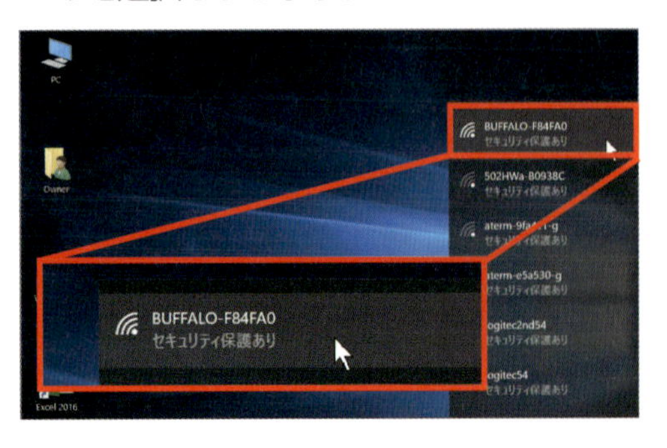

❸ ［自動的に接続］にチェックマークを付けて、［接続］を（左）クリックします。

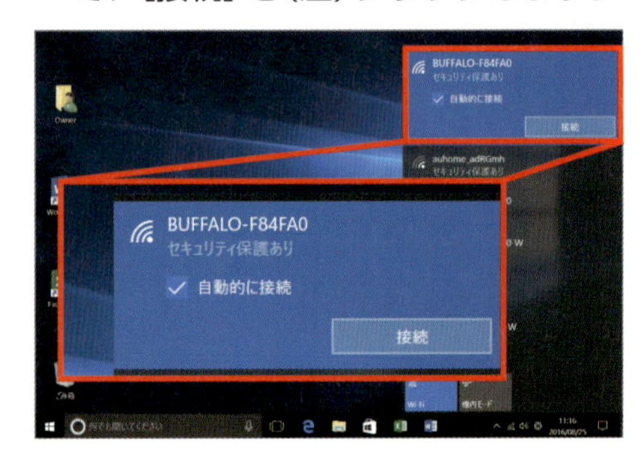

❹ セキュリティキー（暗証番号）を入力し、［次へ］を（左）クリックします。

❺ 接続完了マークが表示されれば、完了です。無線でインターネットを楽しむことができます。

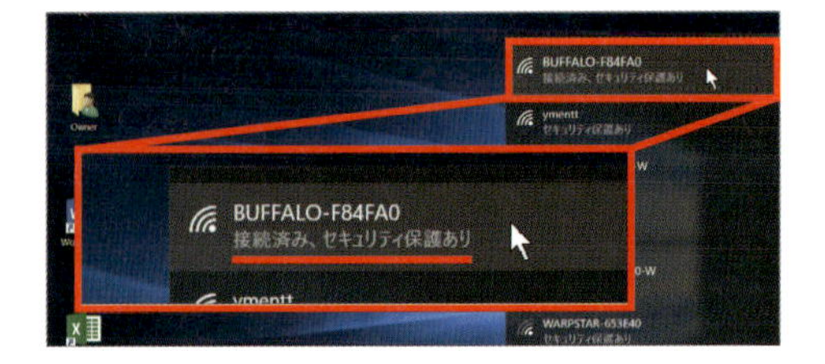

第 3 章

問題 1

以下の各部名称は何でしょうか？

問題 2

以下のURLを入力し、印刷してみましょう。

gihyo.jp/books/goukaku

よくある質問 1

インターネットは危険がいっぱいって本当ですか？

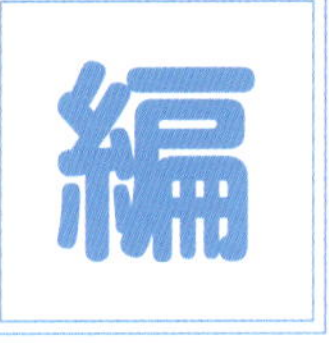

解答編

こたえ1

❶ **タブ**
❷ **アドレス**
❸ **お気に入り**
❹ **検索窓**

P67、72参照

こたえ2

❶ エッジを起動する
❷ アドレスに「gihyo.jp/books/goukaku」と入力し、Enterキーを押す

株式会社 技術評論社 協力・どんこ 承認
たくさがわ先生のパソコン検定

合格証

あなたは「たくさがわ先生のパソコン検定」におてい優秀な成績で合格したことをここに証明します。

パソコンインストラクター
たくさがわ つねあき

よくある質問の回答1

インターネットの危険やトラブルも、一般社会と同じです。どのような危険があるかを理解し、以下の点に注意しながら、インターネットを楽しみましょう！

●コンピュータウイルスの危険

パソコンのウイルスの中には、ホームページを見るだけで感染するものもあります。感染したパソコンは、正常に動作しなくなります。**セキュリティ対策ソフト**を入れ、**期限が切れないように更新**しておきましょう。

●ホームページの信頼性を確認しよう

インターネットを利用すれば、自宅にいながら情報を探したり、いろいろなサービスを利用できます。ただし、誰でも情報を発信できるため、**嘘やまちがった情報**があるかもしれません。そこで、今見ているホームページが信頼できるものかどうかを確認しましょう。聞いたことがある有名なサービスか、問い合わせ先がはっきり書かれているかなどの点で判断します。少しでも怪しいと思ったら、個人情報の入力は避けましょう。

●迷惑メール

買い物をしたり、サービスに登録すると、いろいろなメールが届くようになります。ダイレクトメールと同じですね。不要なら、メールの下の方に"配信停止をする"という文字があるので、これを(左) クリックすると配信を停止できます。配信停止機能もなく、**英語や友人を装って送ってくる**迷惑メールもあります。こういうメールには返信せずに、迷惑メールとして指定しましょう。

この章を読み終えたら ✔チェックしよう!

☐ **1回目**　☐ **2回目**　☐ **3回目**　☐ **4回目**　☐ **5回目**　☐ **6回目**　☐ **7回目**

第4章

ワードで文書を作成しよう

理解したら✓チェックしよう！

- □ 文章をスムーズに入力できる
- □ 文字に色や大きさなどの書式を設定できる
- □ 文字をコピーして、貼り付けられる
- □ 文書を保存して、開くことができる
- □ 文書を印刷できる

01 ワードを使った文書作成のコツ

ワードを使うと、写真やイラスト、表などが入った文書を作ることができます。文書ならなんでも作れるというわけではなく、得意なことと苦手なことがあります。

キーワード
- □ ワード
- □ 文書作成
- □ 改行や書式

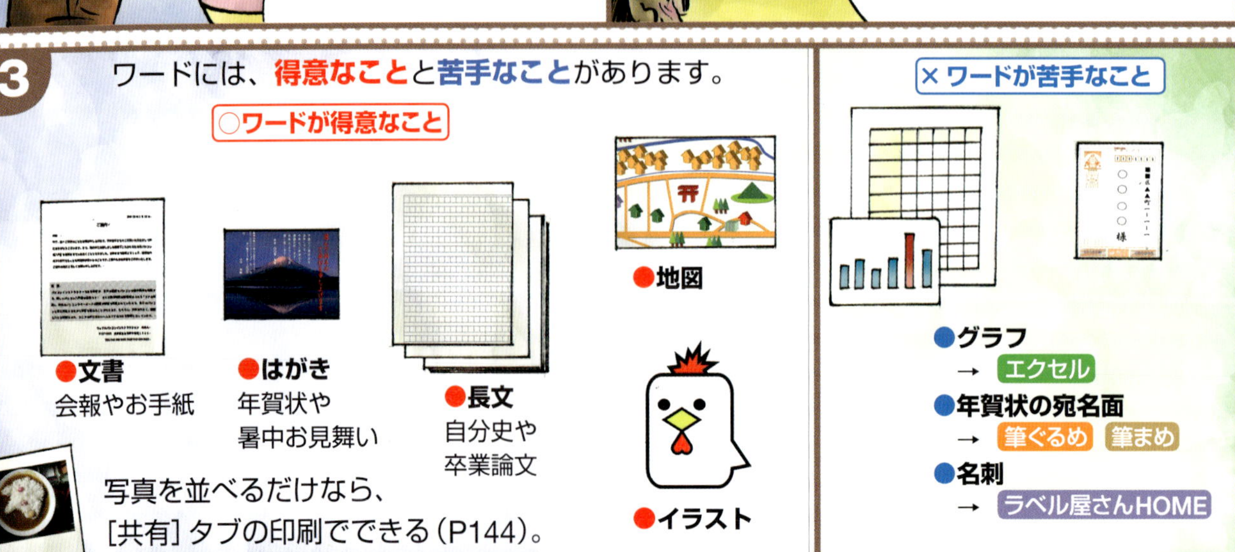

文書作成のコツを知ろう

ここでは、ワードを使って魅力的な文書を作るコツを紹介します。

●Step1　参考になるものを集める

ステキな文書を作るコツは、真似をすること。周りをよく見ると、チラシやポスター、会報など参考になるものがいっぱいあります。ステキな文書があったらとっておこう!

●Step2　下書きをしてみよう

パソコンに向かう前に、内容を考え、ざっと下書きをしてみましょう。上手に魅せるコツや内容が盛り込まれているチラシやポスターを参考に、下書きしましょう。

●Step3　用紙サイズ・余白を設定する

次に用紙サイズを設定します。最初の設定では余白が広めになっているので、狭くします。方法はワードとエクセル共通です（P102）。

●Step4　タイトルを作る

タイトルはとにかく大きめに、わかりやすくしましょう。通常はその下に要約を書きます。新聞や週刊誌の書き方が参考になります。

タイトル
要約
本文

●Step5　内容を入力・作成していく

一般的にはまず文字、表などから入力していきます。

●Step6　色やフォントを設定する

文字の入力がすべて終わったら、色やフォントなどを設定します（P97～99）。

●Step7　写真や画像を挿入する

場合によっては、写真やイラストなどの画像を挿入しましょう。このイラストによって、印象ががらりと変わるよ。

文章を入力しよう

文章の入力の基本は、ローマ字入力、[　　　　]（スペース）キーで変換、[Enter]キーで確定、[Backspace]キーで文字を消す、この4つです。

キーワード
- □ 文章の入力
- □ 改行
- □ スペース

1

読みやすい文章と読みにくい文章は、何が違うのカナ？

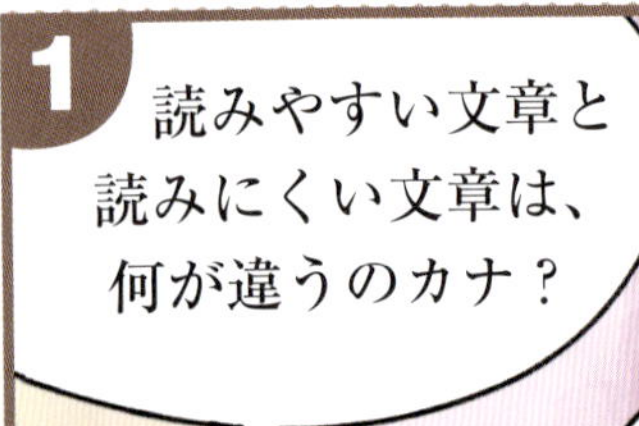

適切なところで、**改行**や**スペース**を入れると読みやすい文章になりますよ。

関係者各位
平成28年5月1日
地域と歴史を巡るツアー
こぞってご参加ください

2

改行には[Enter]キーを使いましょう。

[Enter]キーは「決定」じゃないの？

[Enter]キーの使い分け

文字に下線がある変換前  → 決定

変換後 英語入力後 [Enter] → 改行

3

文章には、記号も使用しましょう。

[Shift]（シフト）キーを利用すれば、キーの左上に書かれている記号を入力できます。

❶ [Shift]キーを押したまま…

❷ 記号のキーをポンと押す。

4

キーにない記号や文字は、読みを入力して変換すると、候補に現れるよ。

記号	入力する読み	記号	入力する読み
々	おなじ	【 】	かっこ
※	こめ	α	あるふぁ
〒	ゆうびん		
→	やじるし		

小さいぁ [L] [A]

日本語を入力するときは、IME言語バーに注意しよう。A なら英語入力、あ なら日本語入力になるよ。(伊藤りく)

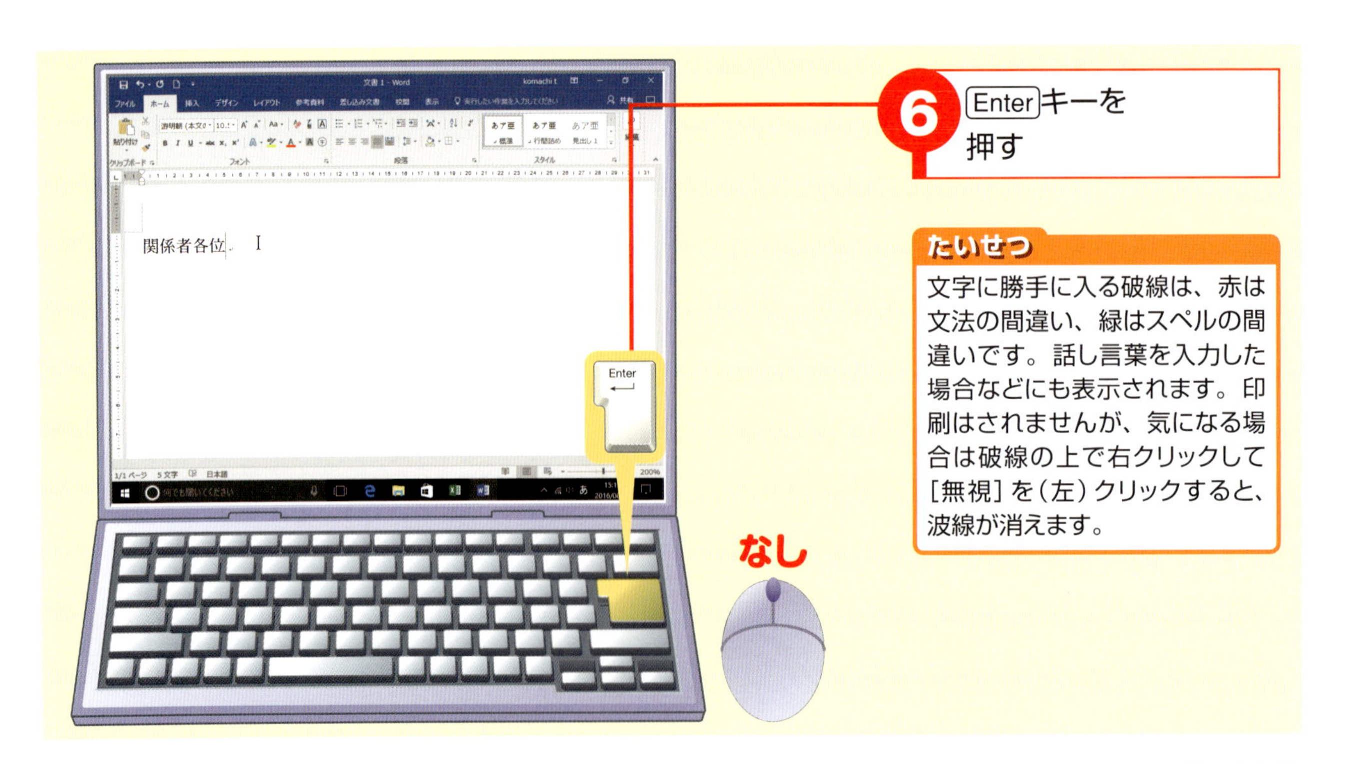
6
Enterキーを
押す
関係者各位
Enter
なし

たいせつ

文字に勝手に入る破線は、赤は文法の間違い、緑はスペルの間違いです。話し言葉を入力した場合などにも表示されます。印刷はされませんが、気になる場合は破線の上で右クリックして［無視］を（左）クリックすると、波線が消えます。

すると…
1行分改行される
7
「平成28年5月1日」と
入力し、
Enterキーを押す
関係者各位
Enter
なし

●**変換の候補**　変換候補を選ぶ場合は、候補の文字を直接（左）クリックして選ぶこともできます。また、Tabキーを押すと、候補を一覧表示することもできます。（伊藤りく）

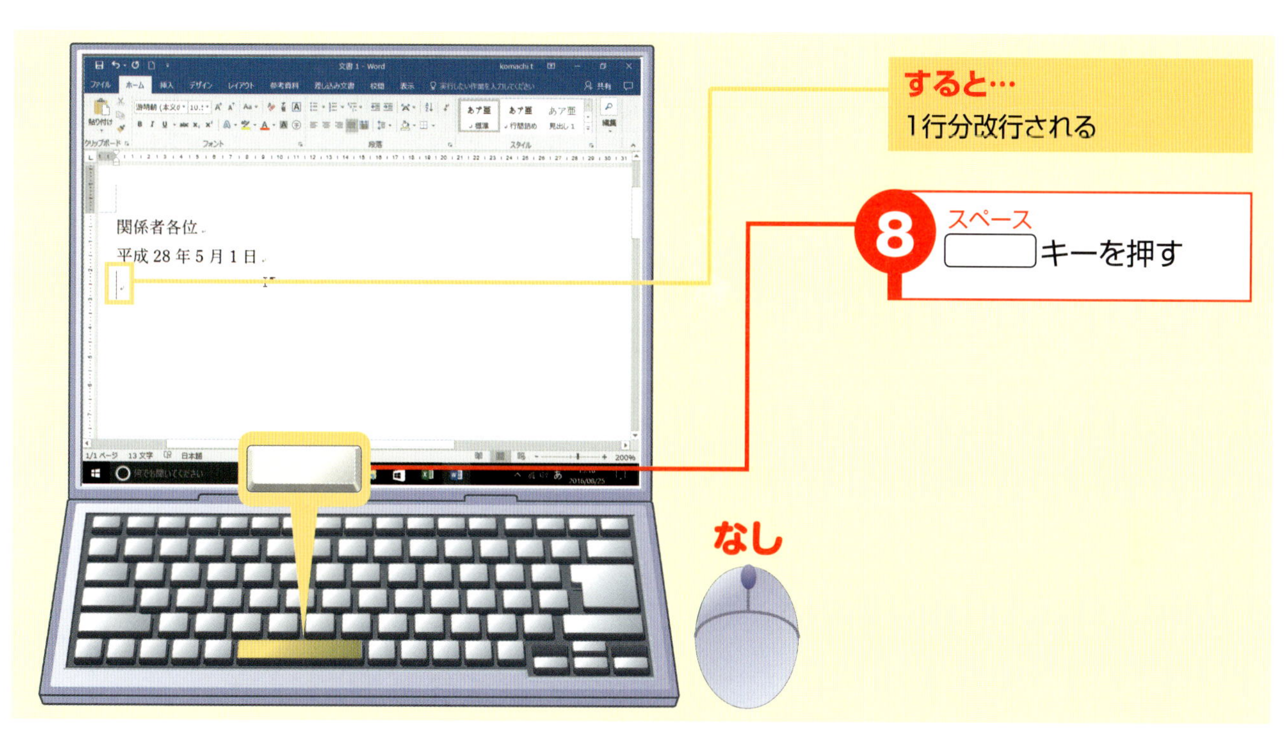

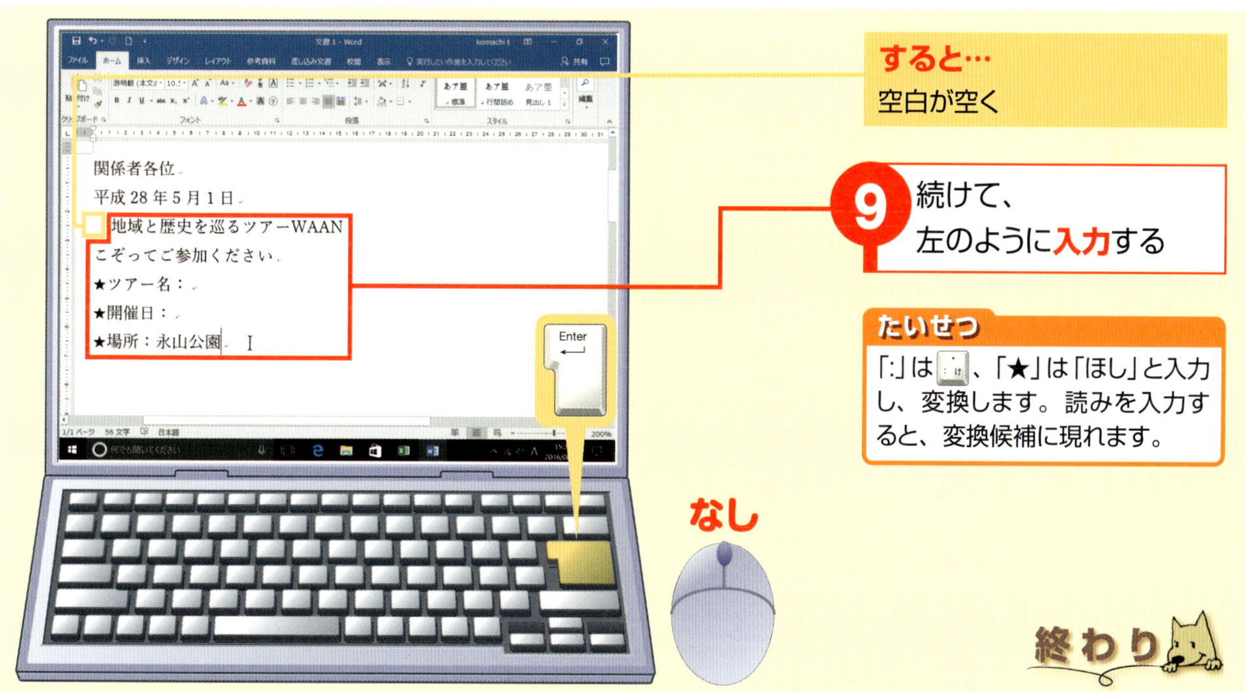

たいせつ

「:」は［:］、「★」は「ほし」と入力し、変換します。読みを入力すると、変換候補に現れます。

キーボードに記載された「＊」や「ー」などの特殊記号は、Shiftキーを押しながら文字キーを押すと入力できるよ。（笹本ミルキー）

03 文字に書式を設定しよう

入力に慣れたら、文字の色や大きさを変更しましょう。文字の色や大きさのことを、書式と呼びます。書式には、文字書式と段落書式の２種類があります。

キーワード
- □ 文字の色
- □ 文字の大きさ
- □ 書式

1
よーし、次は
文字を大きくして、
色を付けよう
書式だね！
いくよー
2
シャー
ヒョイ

3

文字の色や大きさのことを**書式**と呼びます。
書式には、２つの種類があります。

文字書式
＝
文字をドラッグして選択してから設定

- 游明朝（本文の　フォント（文字の形）
- A　フォントの色（文字の色）
- 10.5　フォントサイズ（文字の大きさ）

段落書式
＝
段落（改行～改行）の適当な部分を（左）クリックして設定

- 文字揃え
- 箇条書き

4

文字書式を設定するには、
最初に**文字をドラッグ**します。

地域と歴史を巡るツアーWAAN

文字カーソルが
ここにある状態で…

地域と歴史を巡るツアーWAAN

左ボタンを押し……　そのまま移動して離す（ドラッグ）。

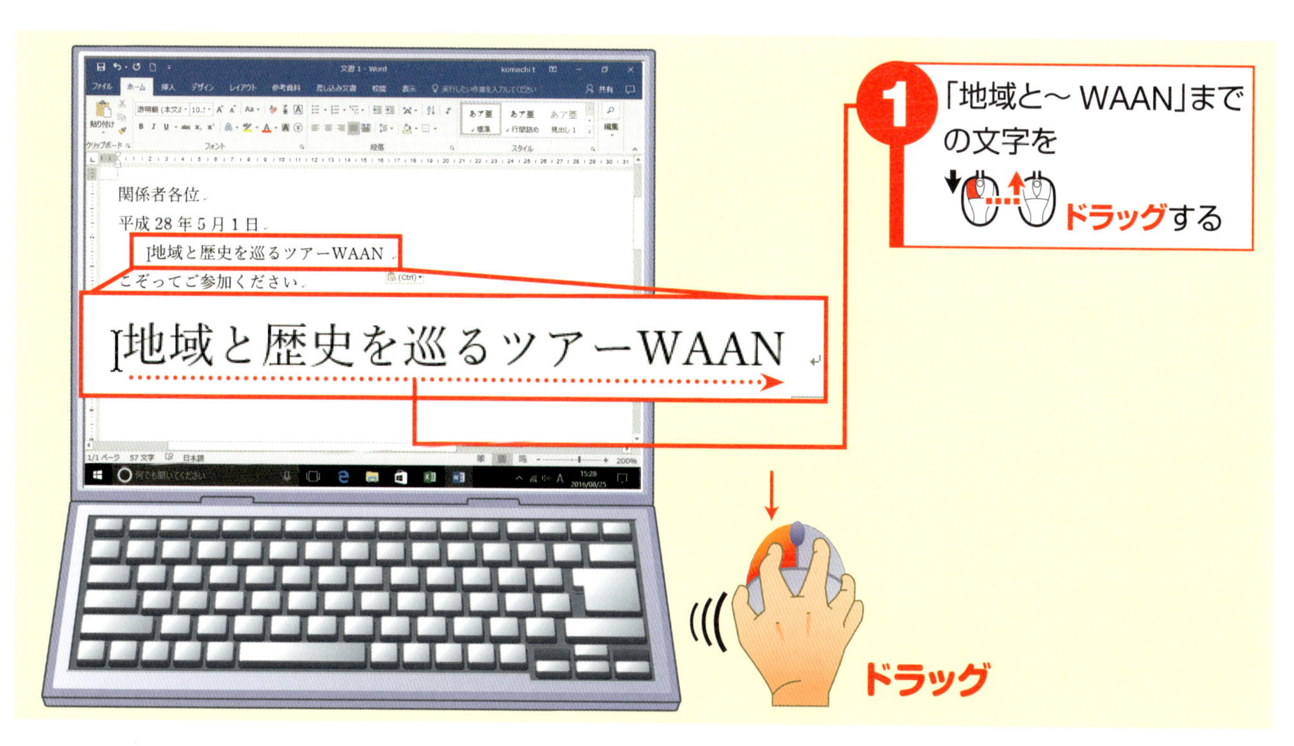

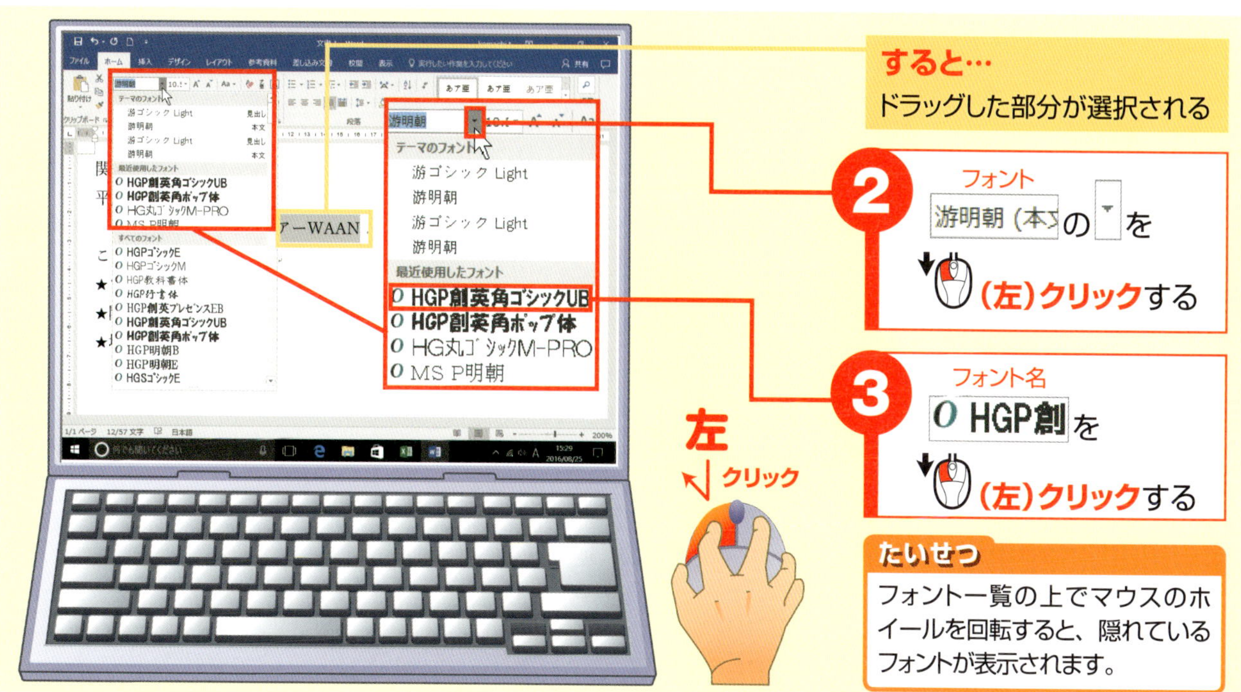

たいせつ

フォント一覧の上でマウスのホイールを回転すると、隠れているフォントが表示されます。

●**元に戻す**　パソコンで操作を間違えたときには、慌てずにクイックアクセスツールバーの (元に戻す)を(左)クリックすると、操作を取り消して元の状態に戻れるよ。(鈴木モック)

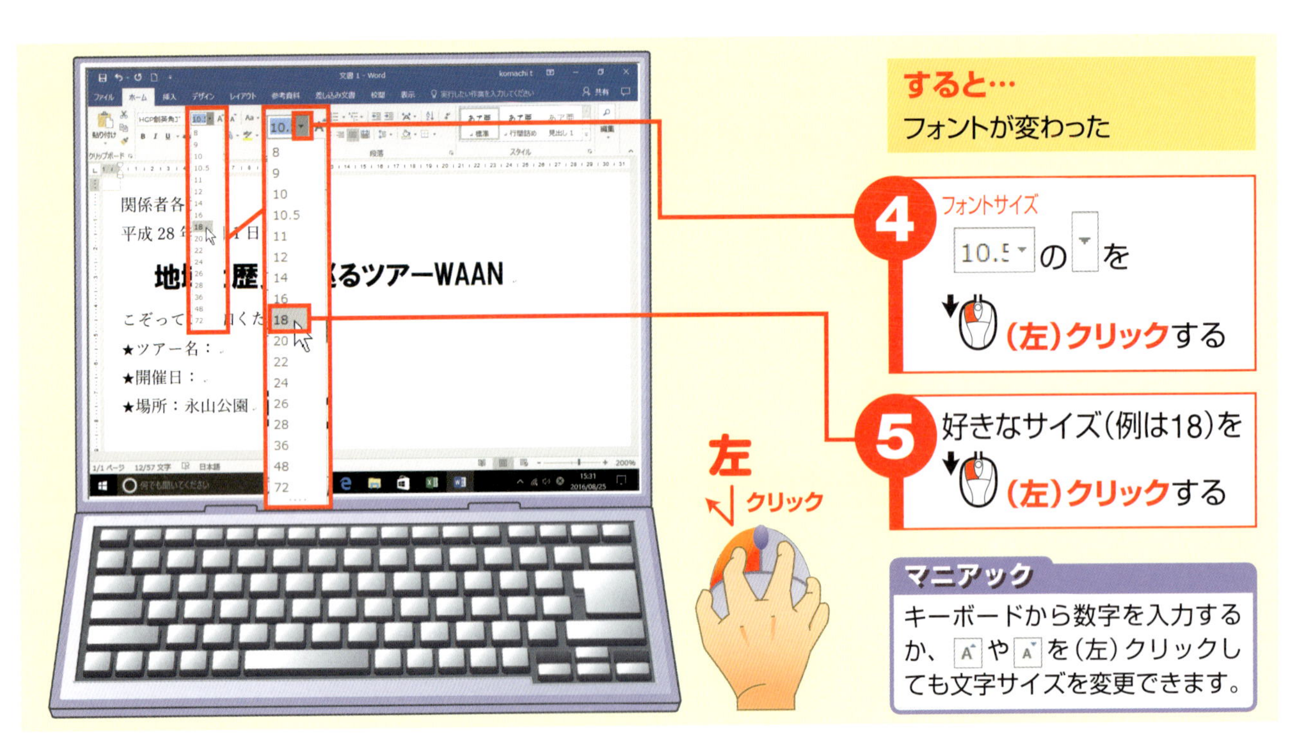

すると…
フォントが変わった
4
フォントサイズ
10.5 の ▾ を
(左)クリックする
5
好きなサイズ(例は18)を
(左)クリックする
左
クリック
マニアック
キーボードから数字を入力するか、A や A を(左)クリックしても文字サイズを変更できます。
地域と歴史を巡るツアーWAAN
関係者各位
平成 28 年 5 月 1 日
こぞってご参加ください
★ツアー名：
★開催日：
★場所：永山公園

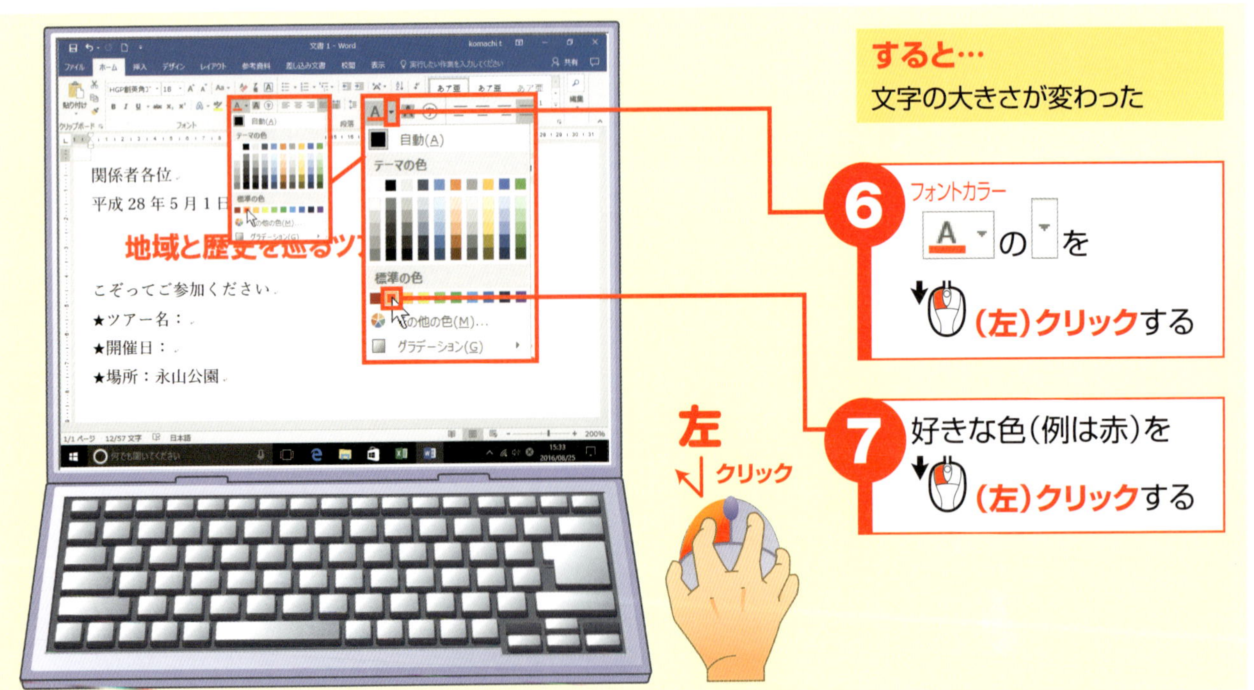

すると…
文字の大きさが変わった
6
フォントカラー
A の ▾ を
(左)クリックする
7
好きな色(例は赤)を
(左)クリックする
左
クリック
自動(A)
テーマの色
標準の色
その他の色(M)...
グラデーション(G)
関係者各位
平成 28 年 5 月 1 日
こぞってご参加ください
★ツアー名：
★開催日：
★場所：永山公園

フォントや段落欄の右下には、◲（[ダイアログボックスの表示] ボタン）があるよ。これを（左）クリックすると、フォントや段落をより詳しく設定できるよ。（岩本めぐ）

行を選択する

ドラッグ操作で文字を選択する場合、2つのコツがあります。

●行ごと選択する場合

行ごと選択する場合は、左の余白部分に をを移動します。すると の形が になります。その状態で下方向にドラッグすると、複数の行をかんたんに選択できます。

●複数行にまたがる文章の場合

複数行にまたがる文章を選択する場合は、文章の開始位置から終了位置までを斜めにドラッグすると、かんたんに選択できます。

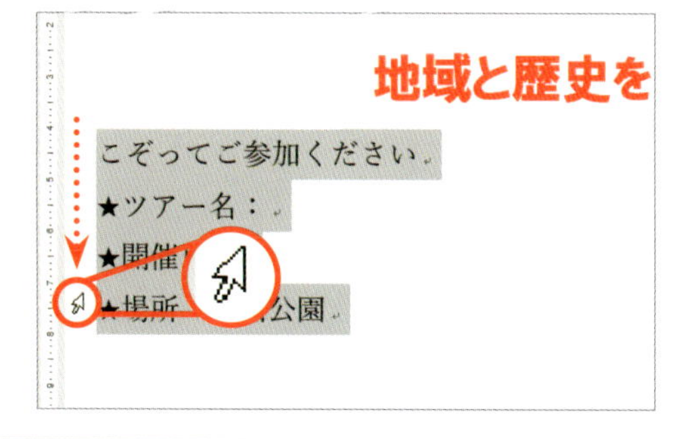

地域と歴史を
こぞってご参加ください。
★ツアー名：
★開催日：
★場所：永山公園

04 コピー&貼り付けしよう

すでに入力した文章を再利用する場合は、コピー&貼り付けをします。この方法なら、ほかのソフトでも同じ文章を利用することができます。

キーワード
- □ コピー
- □ 貼り付け

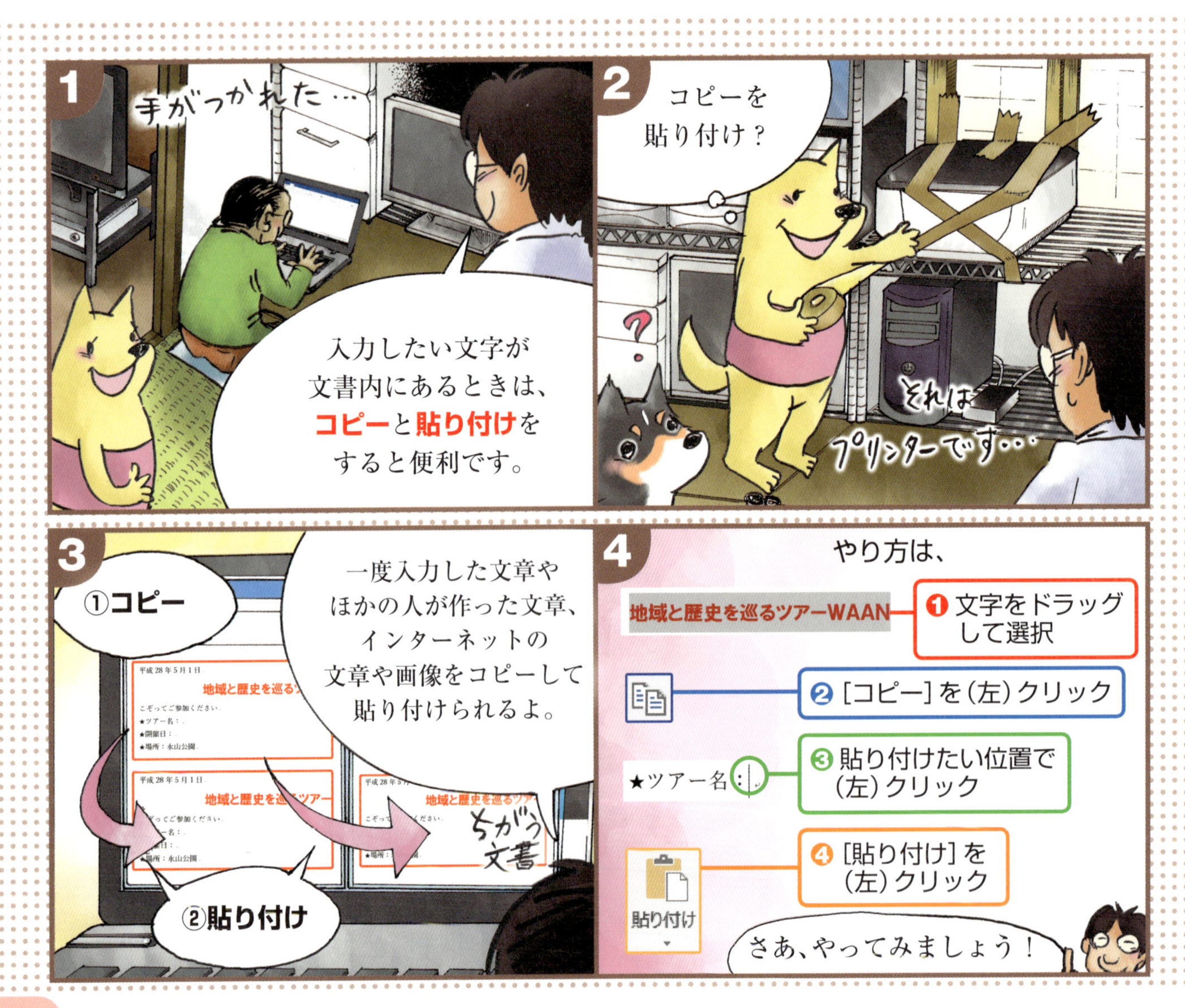

1 コピーしたい文字を ドラッグして選択する

2 [ホーム]タブの コピー を (左)クリックする

同じにならなかったら…
文字を選択した状態でCtrlキーを押しながらCキーを押しても、コピーの操作になります。

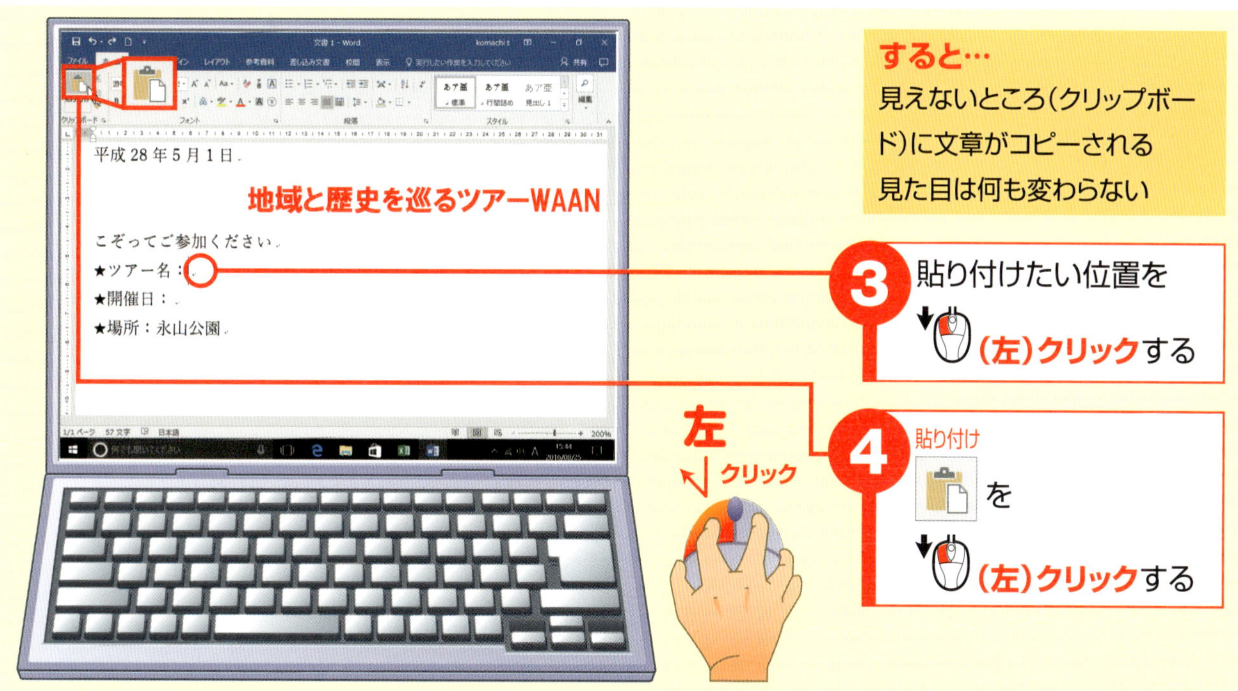

すると…
見えないところ（クリップボード）に文章がコピーされる
見た目は何も変わらない

3 貼り付けたい位置を (左)クリックする

4 貼り付け を (左)クリックする

第4章 ワードで文書を作成しよう

●**やり直すボタン**　クイックアクセスツールバーにあるこのボタンを（左）クリックすると、P97の（元に戻す）操作を取り消して、もう一度操作をやり直すことができるよ。（キナコ）

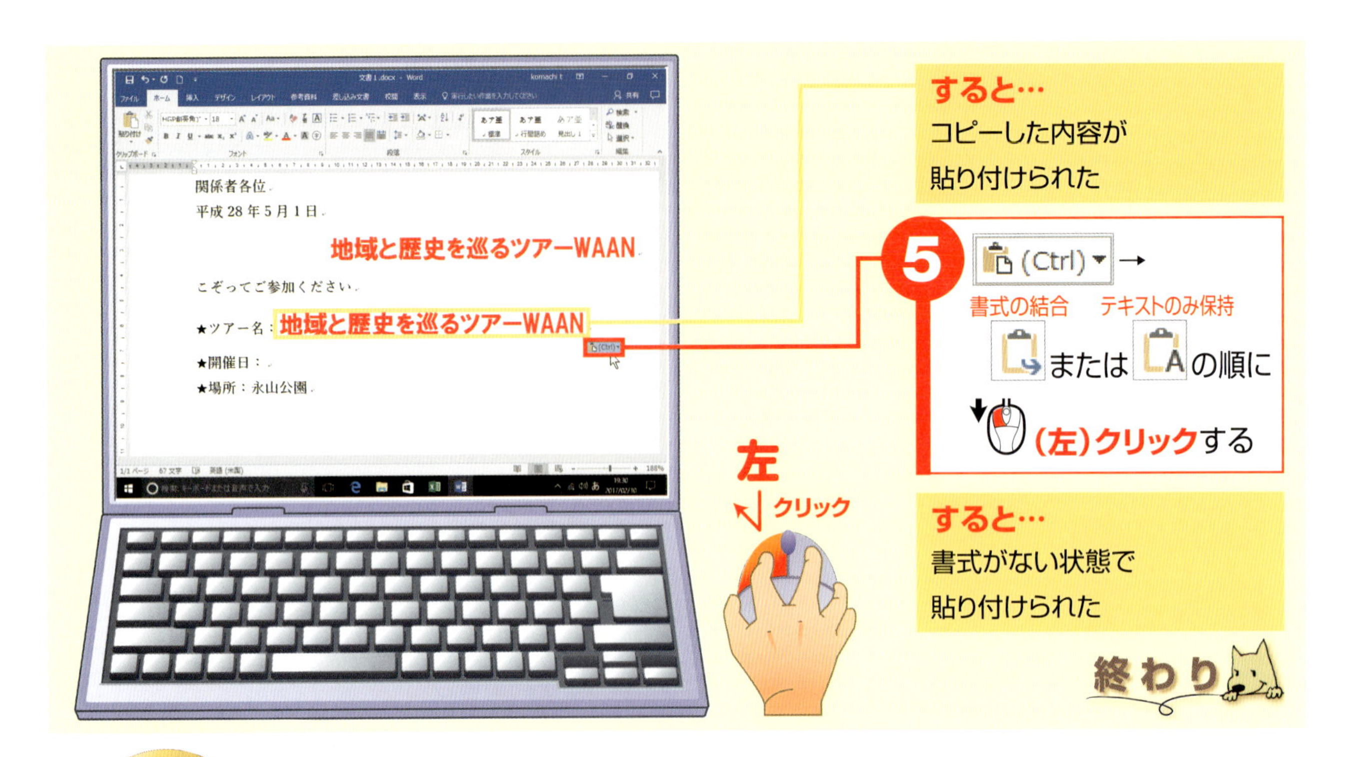

用紙サイズを変更する

ワードでは、用紙のサイズを変更できます。印刷時にサイズを指定することもできますが、文書作成の最初に行っておくと、仕上がりサイズをイメージしながら作成できます。

❶ [レイアウト] タブを（左）クリックします。

❷ [サイズ] を（左）クリックし、希望のサイズを（左）クリックします。この内容はP83で指定したプリンターによって変わります。

Ⓐ **文字列の方向**：縦書きまたは横書きを選択できます。
Ⓑ **余白**：余白の変更ができます。よく使うのは「狭い」です。
Ⓒ **印刷の向き**：印刷の向きとして、縦または横を選択します。

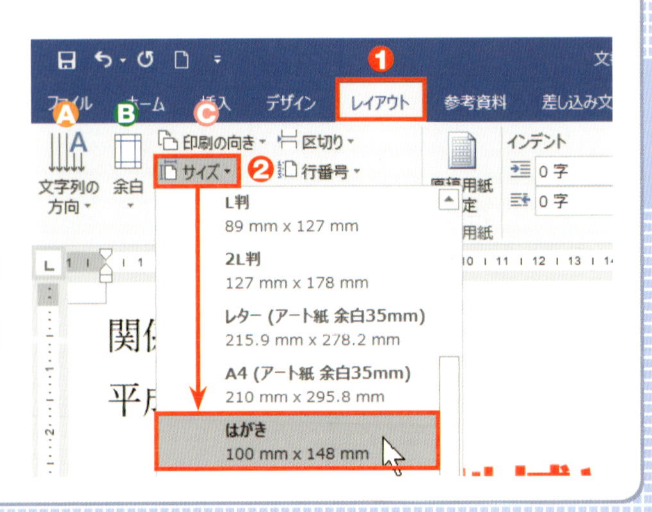

ワードの書式をもっと知ろう

ワードでよく利用する書式について紹介します。いずれも、[ホーム]タブにあります。

●文字書式

文字に対して設定できる書式です。
文字をドラッグして設定します。

ふりがな　巡るツアーWA

蛍光ペンの色　ご参加くださ

文字の効果と体裁　巡るツアー

すべての書式をクリア　巡るツアーWA

●段落書式

段落に対して設定できる書式です。

箇条書きと段落番号

1. ★ツアー名：地域と歴史を巡るツアーWAAN
2. 開催日：
3. ★場所：永山公園

左揃え・中央揃え・右揃え

関係者各位
平成28年5月1日
「地域と歴史を巡るツアーWAAN」

行間

1. ★ツアー名：地域と歴史を巡るツアーWAAN
2. ★ 開催日：

↓

1. ★ツアー名：地域と歴史を巡るツアーWAAN
2. ★ 開催日：

●書式のコピーと貼り付け

設定されている書式だけをコピーして、別の文字に貼り付けます。同じ書式にすることで、文書に統一感がでます。

書式のコピー/貼り付け

❶ 書式が設定された文字をドラッグする。

❷ を(左)クリックする。

❸ マウスポインターの形が になる。

❹ 書式を貼り付けたい文字をドラッグする。

★場所：永山公園

❺ 書式が貼り付けられる。

★場所：永山公園

第4章 ワードで文書を作成しよう

05 文書を保存して開こう

作った文書を残しておいて、後日加筆や加工ができるようにしておくことを「保存」といいます。再度文書を利用する場合は、「開く」を実行します。

キーワード
- □ 保存
- □ ファイル
- □ 開く

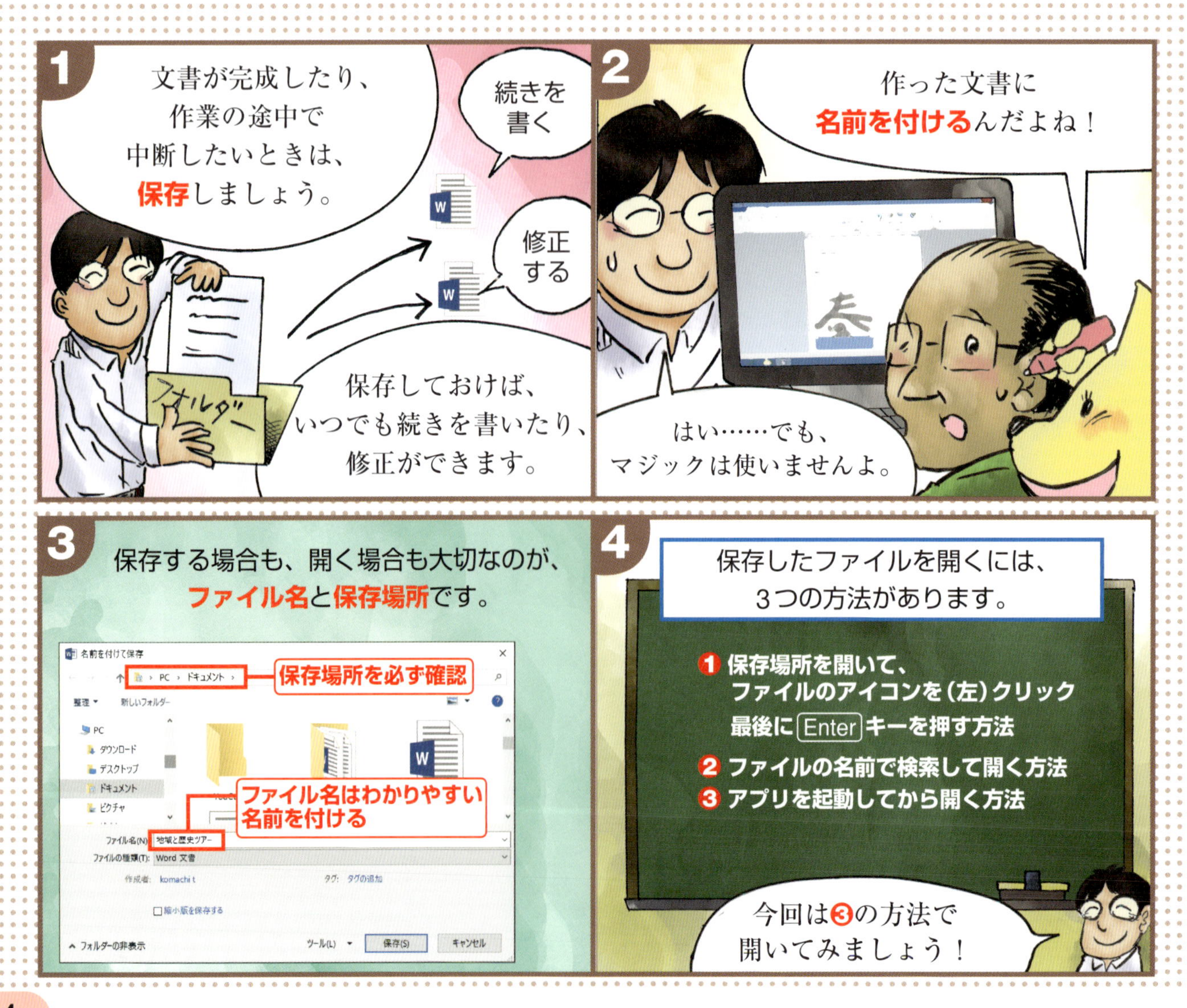

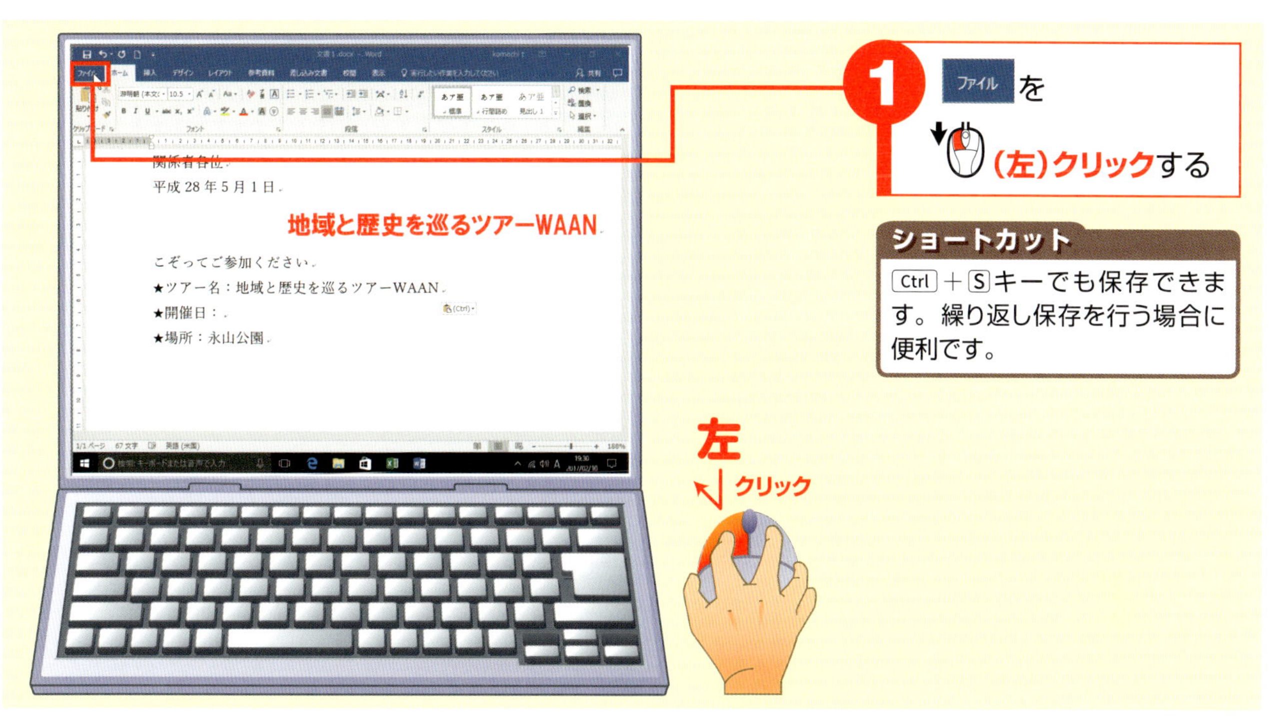

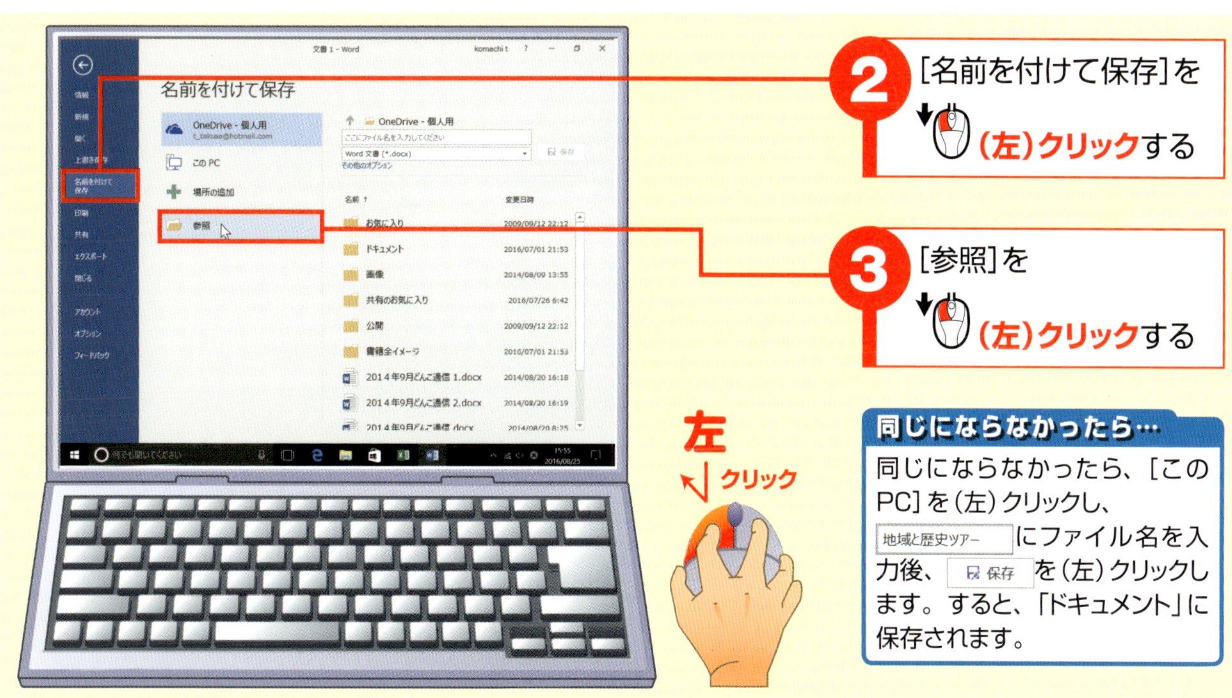

●**OneDrive**　マイクロソフトのクラウドサービス(P158)。インターネットを介してサーバーで共有されるので、ほかのパソコンやタブレットからでもファイルを開けるよ。利用は慣れてからにしよう。(みき)

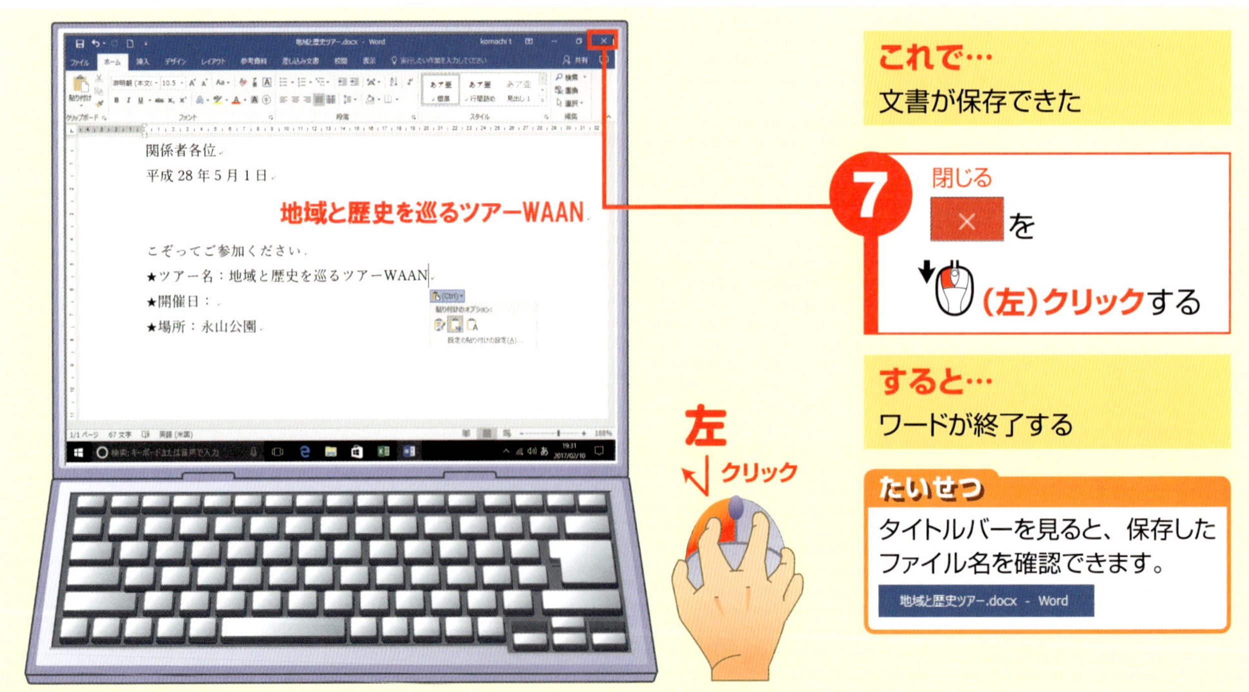

●**クイックアクセスとお気に入り**　[名前を付けて保存]や[開く]ダイアログボックスの左側にあり、すばやく保存先を指定できる。よく使うフォルダーを登録しておくこともできるよ。(左奈田あまぐり)

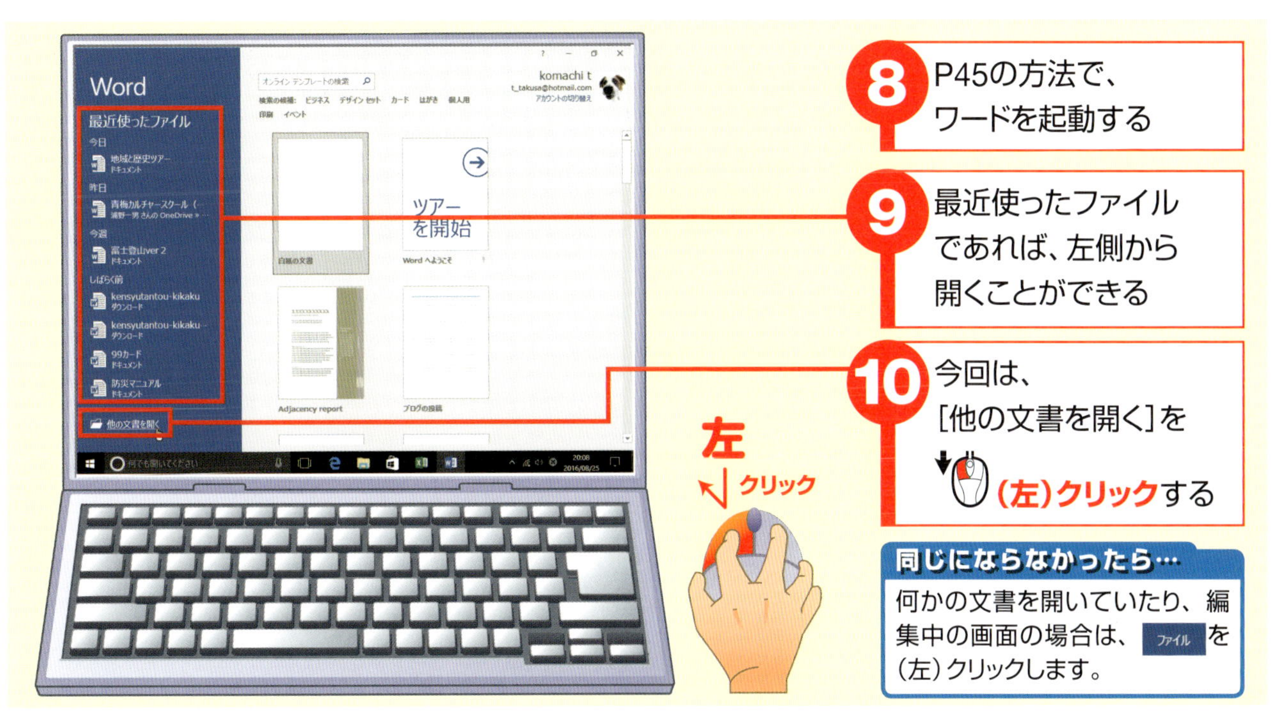

Word
最近使ったファイル
他の文書を開く
8 P45の方法で、ワードを起動する
9 最近使ったファイルであれば、左側から開くことができる
10 今回は、[他の文書を開く]を (左)クリックする
左
クリック
操作の途中で開きたい文書が表示されれば、(左)クリックして開くことができます。ここで行っているのは、さまざまな場面で応用の効く一般的な方法です。
同じにならなかったら…
何かの文書を開いていたり、編集中の画面の場合は、ファイルを(左)クリックします。

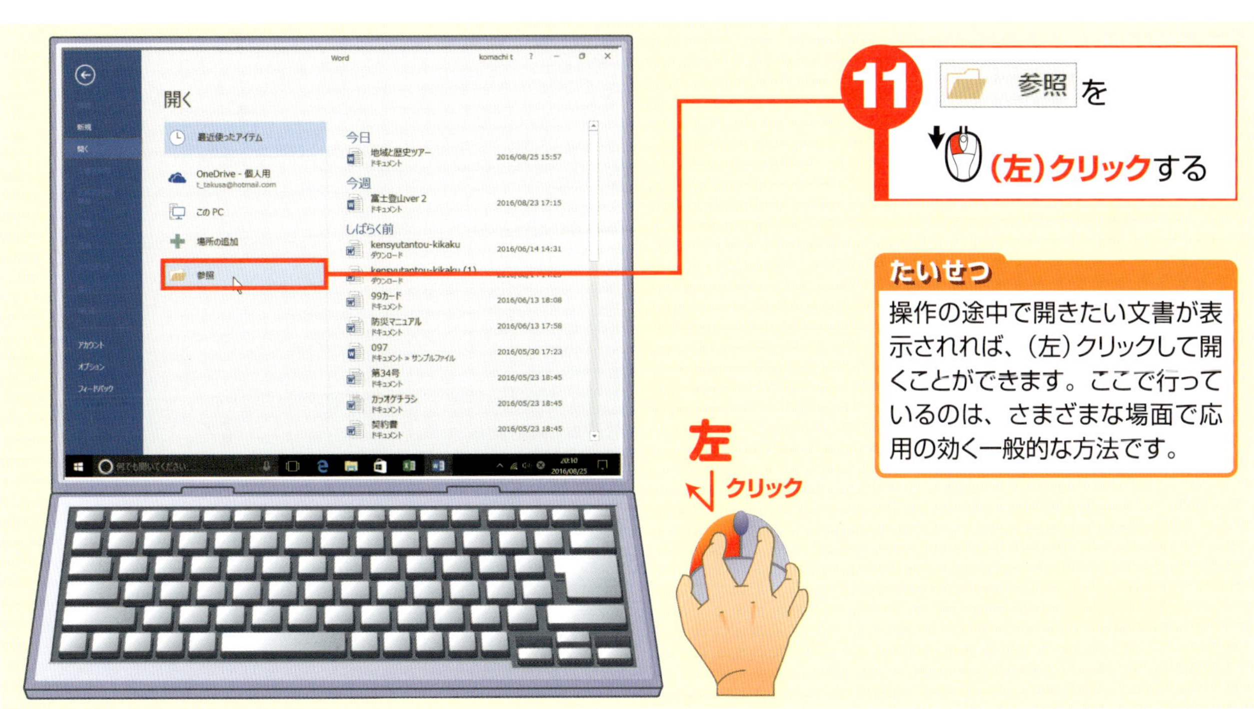

●スタート画面 ワードやエクセルの起動時に表示される画面のこと。[情報]では、文書を保護したり、前のバージョンに復活させたりでき、[オプション]ではさまざまな設定を変更できるんだ。(志村マリオ)

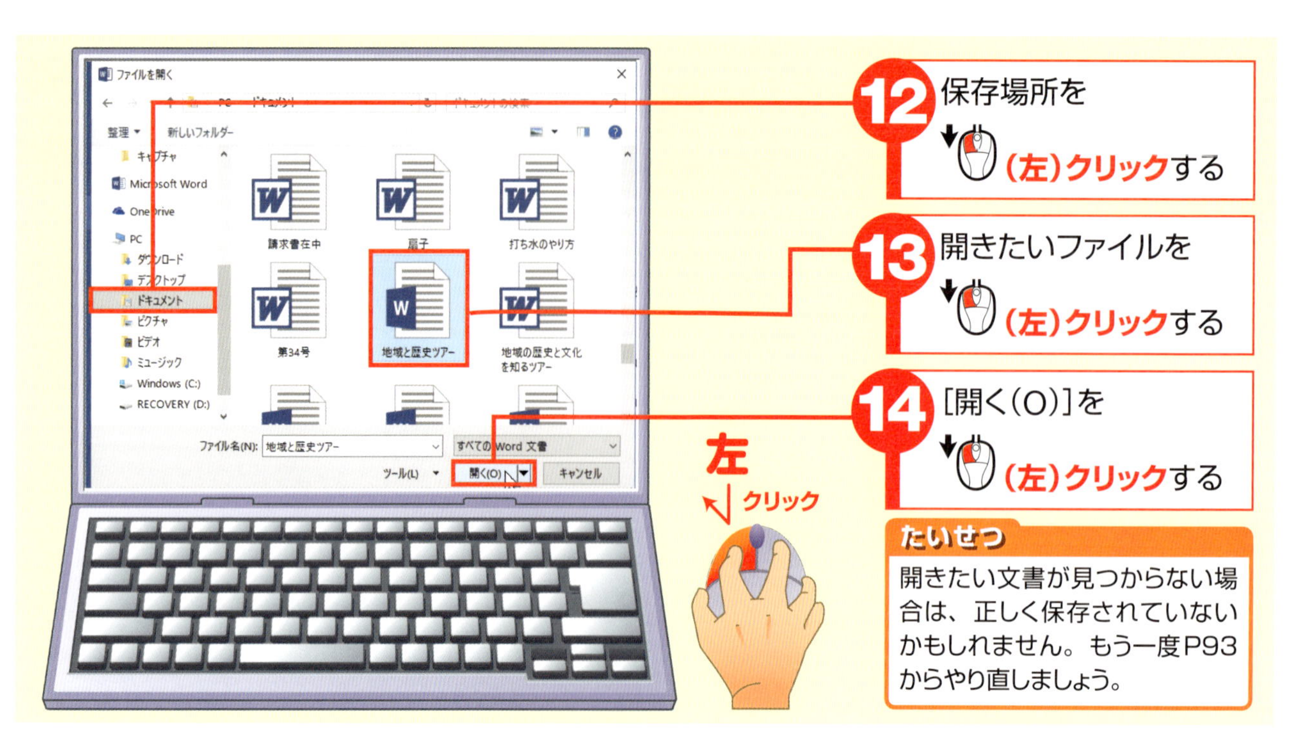

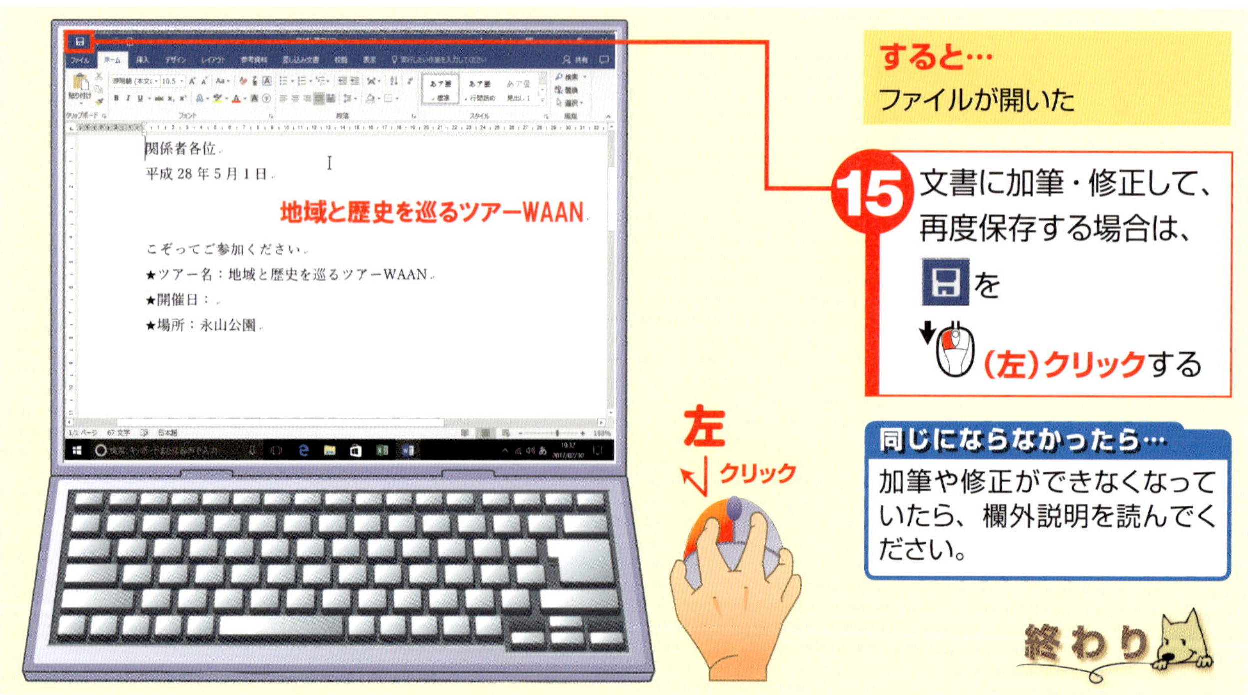

●閲覧モードと文書の保護 文書を開いても編集できない状態になっていたら、[表示] タブ→[文書の編集 (E)] または [編集を有効にする (E)] を (左) クリックします。(瀬川チャピー)

Let's check!

[名前を付けて保存][開く]ダイアログボックスを知ろう

[名前を付けて保存]と[開く]ダイアログボックスはとてもよく似ています。ほかのアプリでもよく利用するため、覚えておきたい画面です。

保存先：保存する場所を指定します。›を(左)クリックすると、保存先の候補の中から選ぶことができます。保存時に必ず確認します。

表示：(左)クリックすると、ファイルの表示方法を変更できます。
大アイコン：画像や文書の内容を確認できます
一覧：一度にたくさんのファイルを確認できます
詳細 詳細：作成日時やファイルの種類を確認できます

新しいフォルダー：保存先として、新しいフォルダーを作ります。フォルダー(例えば仕事用や個人用など)ごとに整理整頓ができます。

ドキュメントの検索：ファイル名を覚えている場合は、名前の一部を入力すると、ファイルを検索できます。

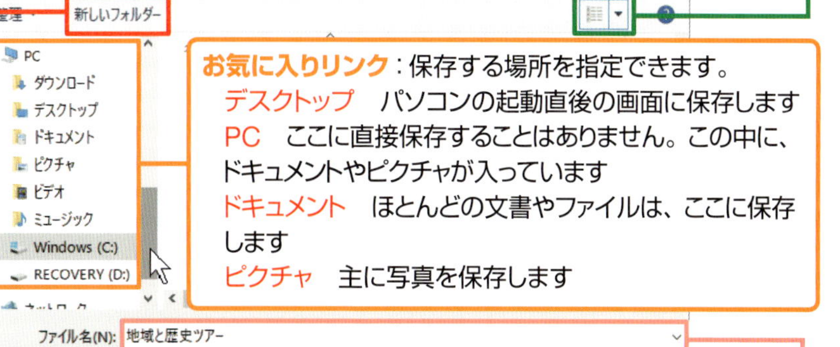

お気に入りリンク：保存する場所を指定できます。
デスクトップ　パソコンの起動直後の画面に保存します
PC　ここに直接保存することはありません。この中に、ドキュメントやピクチャが入っています
ドキュメント　ほとんどの文書やファイルは、ここに保存します
ピクチャ　主に写真を保存します

ファイル名：ファイルに付ける名前です。

縮小版を保存する：文書の内容をアイコンに反映し、開くことなく内容を確認できるようにします。

ファイルの種類：ワード形式や文字だけ、写真など、いろいろな形式を指定して保存できます。通常は変更しません。

すべての Word 文書

06 文書を印刷してみよう

文書の作成ができたら、次はプリンターを使って印刷をしてみましょう。印刷するには、あらかじめプリンターとパソコンを接続しておきます。

キーワード
- □ 印刷
- □ プレビュー
- □ プリンター

1
作成した文書を印刷するには、プリンターを使うんだ。
2
はじめてプリンターをつなげる場合は、詳しい人にお願いしましょう！
ざっと説明すると、
❶プリンターの準備
❷CD-ROMをパソコンに入れる
❸指示に従い（左）クリック
❹プリンターとパソコンをつなぐ

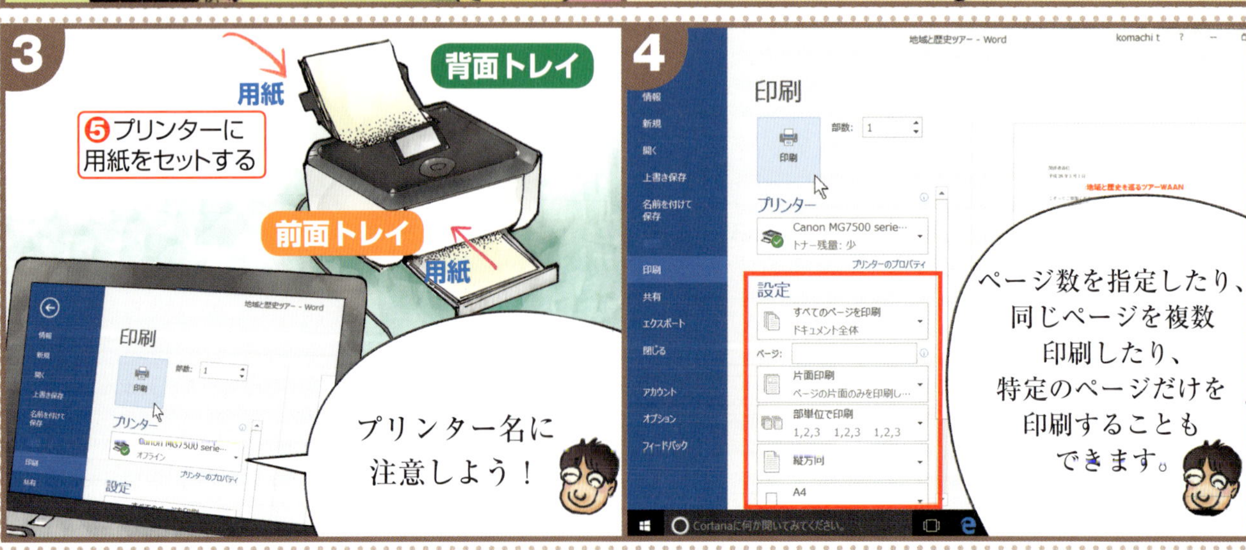

背面トレイ
❺プリンターに用紙をセットする
前面トレイ

ページ数を指定したり、同じページを複数印刷したり、特定のページだけを印刷することもできます。

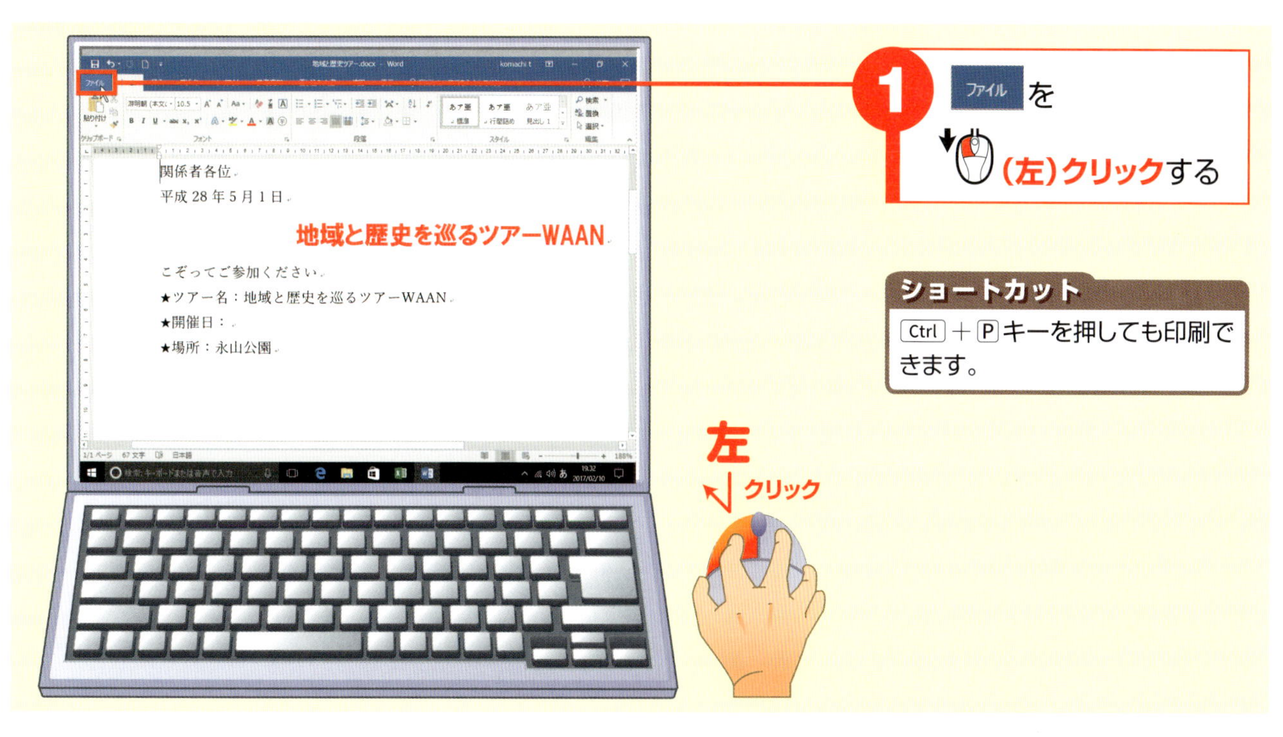

関係者各位
平成 28 年 5 月 1 日
地域と歴史を巡るツアーWAAN
こぞってご参加ください。
★ツアー名：地域と歴史を巡るツアーWAAN
★開催日：
★場所：永山公園
左
クリック
1
ファイル を
(左)クリックする
ショートカット
Ctrl + P キーを押しても印刷できます。

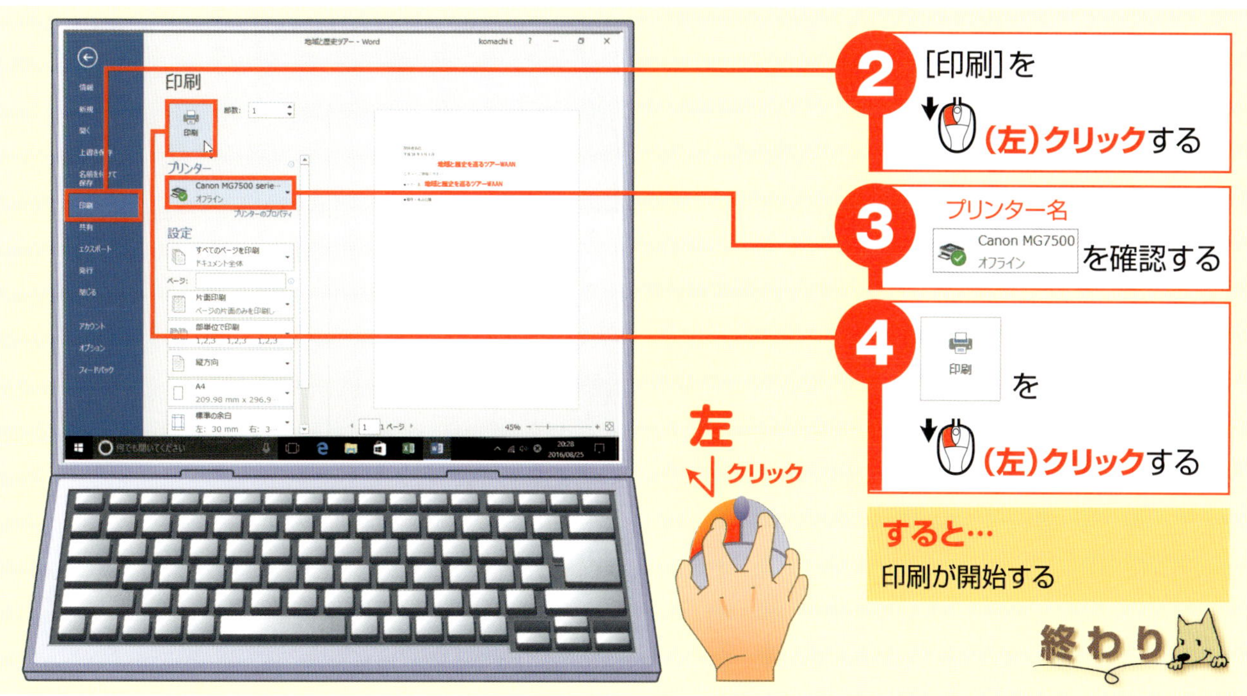

印刷
印刷
プリンター
Canon MG7500 serie
オフライン
設定
左
クリック
2
[印刷]を
(左)クリックする
3
プリンター名
Canon MG7500
オフライン
を確認する
4
印刷
を
(左)クリックする
すると…
印刷が開始する
終わり

●プリンターのプロパティ プリンターのプロパティでは、より詳細に印刷の設定ができる。両面印刷や冊子印刷のほか、ヘッドクリーニングなどのメンテナンスもできるよ。（伊藤そら）

Let's check!

印刷時トラブル対策

印刷が始まらない場合、また、反対に印刷が止まらない場合の対処方法をご紹介します。

□ 印刷が始まらない

本書の手順で印刷できないときは、以下のことを確認しましょう。

❶パソコンとプリンターがつながっているか確認する
❷プリンターの電源が入っているか確認する
❸使用するプリンターが選択されているか確認する

P111手順3の操作で、プリンター名をしっかり指定しているか確認しましょう。プリンターの名前が表示されない場合は、プリンターの接続や設定が必要です。

□ プリンターのプロパティ

印刷を行う画面で［詳細設定］または［オプション］→［プロパティ］の順に（左）クリックすると、プリンターのプロパティが表示されます。プリンターのメーカーにより内容は異なりますが、以下のようなことができます。

用紙の種類：
普通紙やはがきを選べます。
フチなし全面印刷：
フチなし印刷ができます。
拡大／縮小：
ポスター／冊子印刷などもできます。
ユーティリティ：
目詰まり解消のヘッドクリーニングができます。

□ 勝手に印刷される

プリンターを接続したり、プリンターの電源を入れるとなぜか勝手に印刷されてしまう。そんなことがたまにあります。これは印刷途中だったり、プリンターがつながっていないときに印刷する操作を繰り返したためで、場合によっては何十枚も印刷されてしまうことがあります。その場合は、以下の方法で残った印刷情報をキャンセルします。

❶通知領域にある をダブルクリック
通知領域にある に を移動し、左のボタンをすばやく2回押します（ダブルクリック）。

❷印刷情報が残っていないか確認する
以下の画面のように印刷ができなかったものがためられていると、プリンターが接続された時点で大量に印刷されてしまいます。［プリンター（P）］を（左）クリックし、［すべてのドキュメントの取り消し（L）］を（左）クリックします。

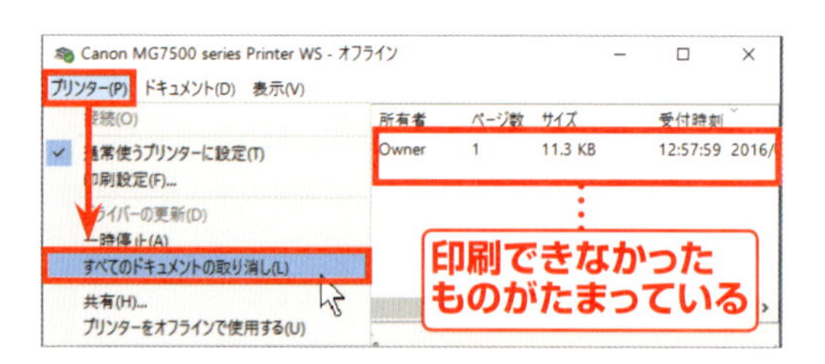

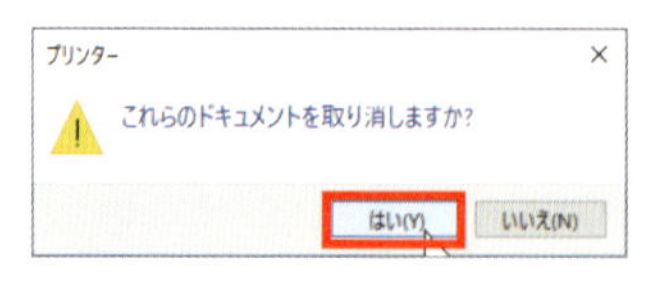

はい(Y) を（左）クリックすると、たまっていた印刷情報が削除されます。

第 4 章

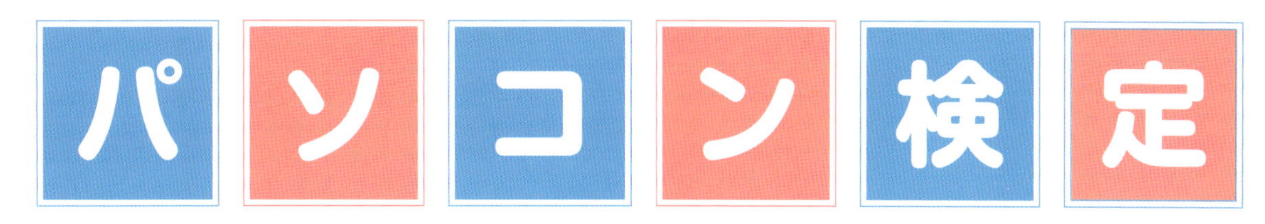

問題 1

ワードを開いてヒントを起動し、以下のような文書を作成・保存しましょう。

関係者各位

平成 29 年 1 月 7 日

地域の歴史と文化を巡るツアー

早春の候、貴社ますますご清祥のこととお慶び申し上げます。日頃は大変お世話になっております。このたび**歴史と文化を巡る**を企画しました。
こぞって**ご参加**ください。詳細は下記のとおりです。

敬具

記

1. ツアー名：青梅市の歴史と文化を巡るツアー
2. 開催日：4 月 15 日
3. 集合場所：釜の淵公園
   青梅市千ヶ瀬 1 丁目 2-34

ヒント

❶ 文字を入力する
❷ 書式を設定する
- 右揃え
- 中央揃え
- 文字の効果と体裁
- 赤字
- 書式のコピー/貼り付け
- 蛍光ペンの色
- 箇条書き

❸ 保存する

よくある質問 1

ワードの文書にデジカメ写真やイラストを入れることはできますか？

第 4 章

解答編

こたえ1

❶ → Word 2016 の順に（左）クリックし、ワードを起動します。
❷ 文章を入力し、書式を設定していきます。
❸ 書式を設定するには、文字をドラッグして選択しておきます。

よくある質問の回答1

いずれも［挿入］タブから入れることができます。写真を挿入するには、P140の方法で写真を取り込み、❶［画像］を（左）クリックし、❷［ピクチャ］フォルダーから挿入します。イラストを入れる場合は、インターネットに接続した状態で、［オンライン画像］を（左）クリックし、検索します。

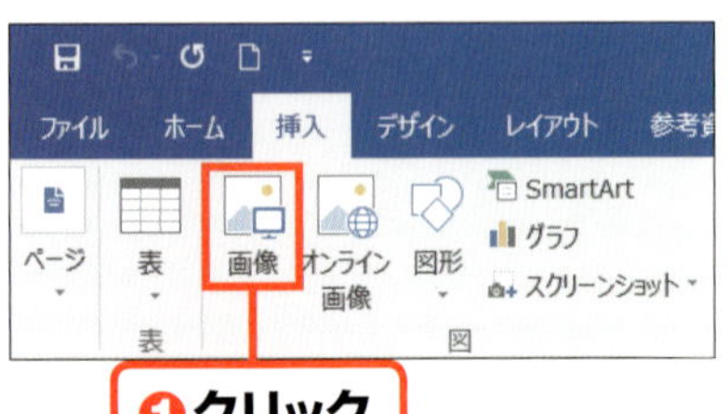

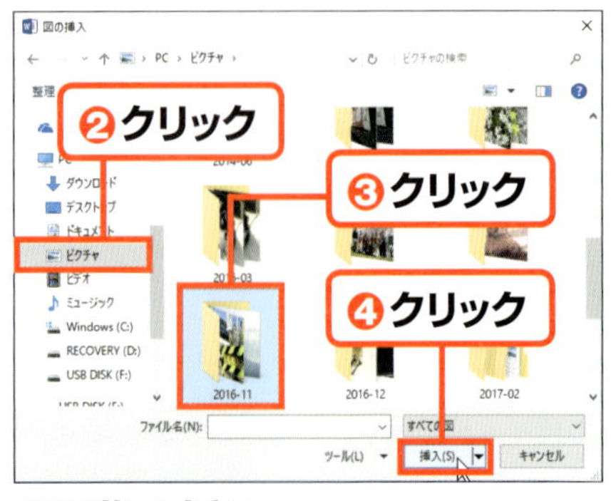

●画像の挿入

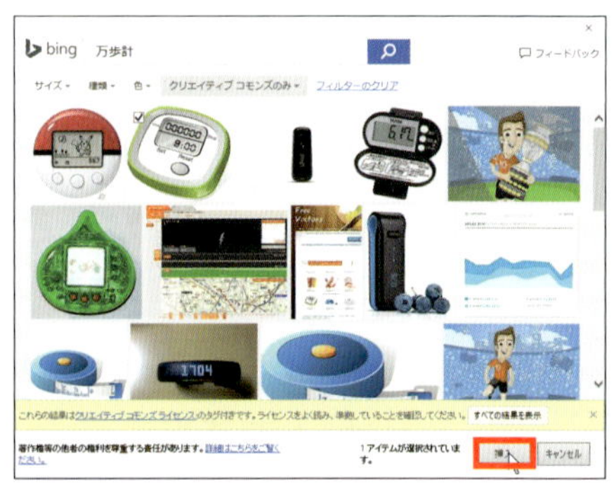

●オンライン画像の挿入

この章を読み終えたら ☑ チェックしよう！

□1回目　□2回目　□3回目　□4回目　□5回目　□6回目　□7回目

第5章

エクセルで計算表を作成しよう

理解したら✓チェックしよう！

- □ セルに文字を入力できる
- □ セルに入力された文字の編集ができる
- □ オートフィルを使える
- □ 表に罫線を引くことができる
- □ 合計の関数を入れられる

01 エクセルを使った表作成

エクセルは、仕事で大活躍するアプリです。家庭や趣味で活用できる場面もいっぱい。ただし何でも作れるというわけではありません。得意なことを見てみましょう。

キーワード
- □ エクセル
- □ エクセルの起動
- □ ページ設定

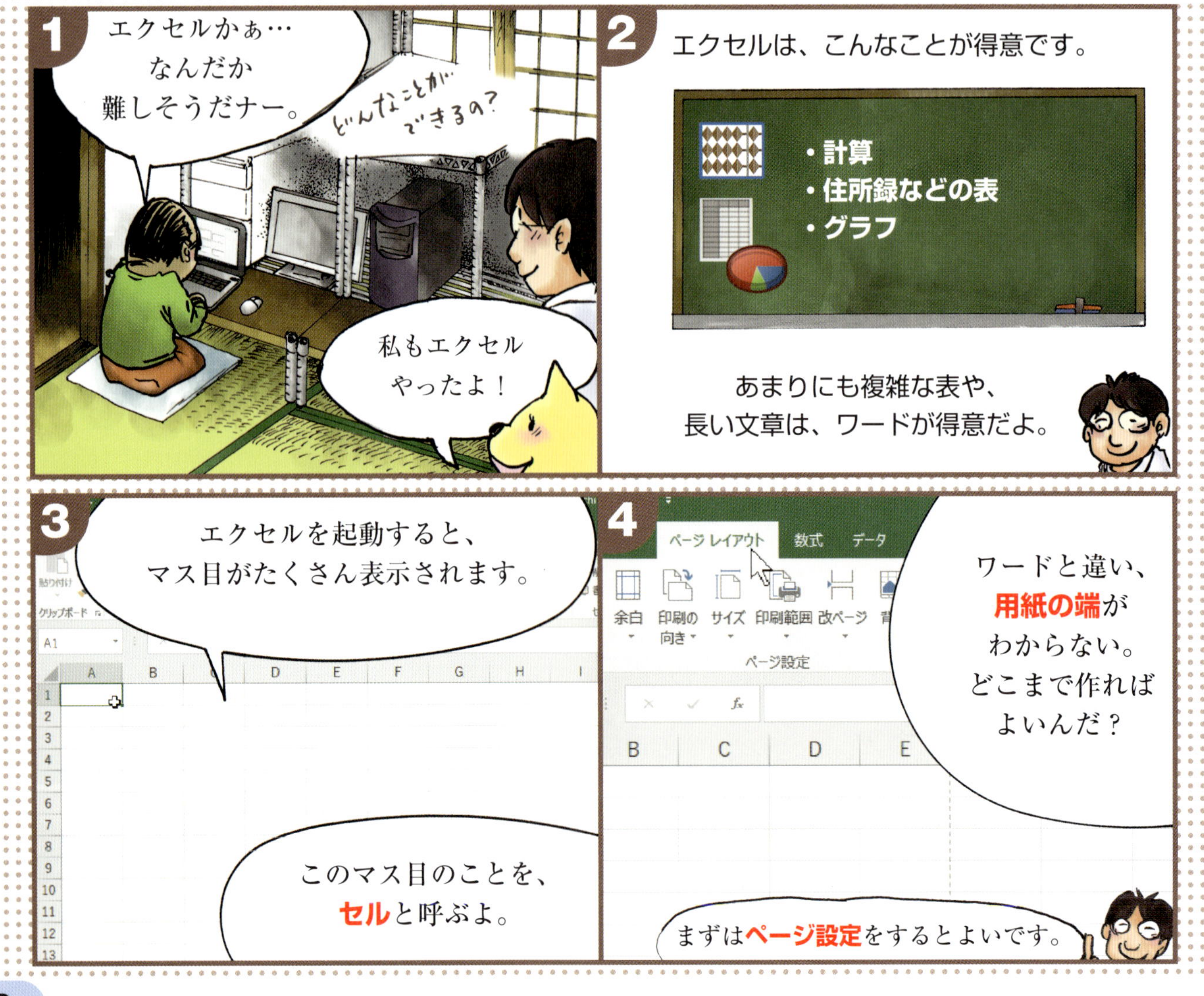

同じにならなかったら…

タスクバーのを(左)クリックしても、エクセルを起動できます。

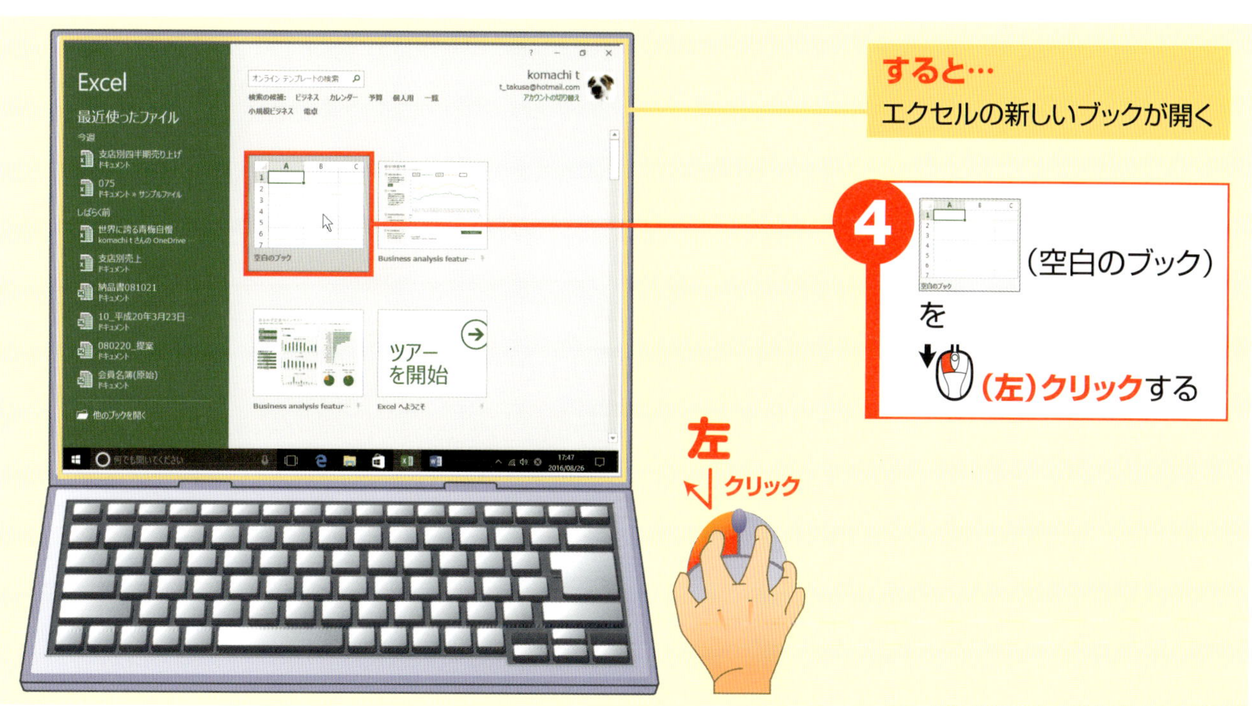

●**ショートカット** パソコンの操作をキーボードの組み合わせで行うこと。マウスを使うよりすばやく操作ができるせっかちな人のための裏技。各所で紹介しているからやってみよう。(鈴木モック)

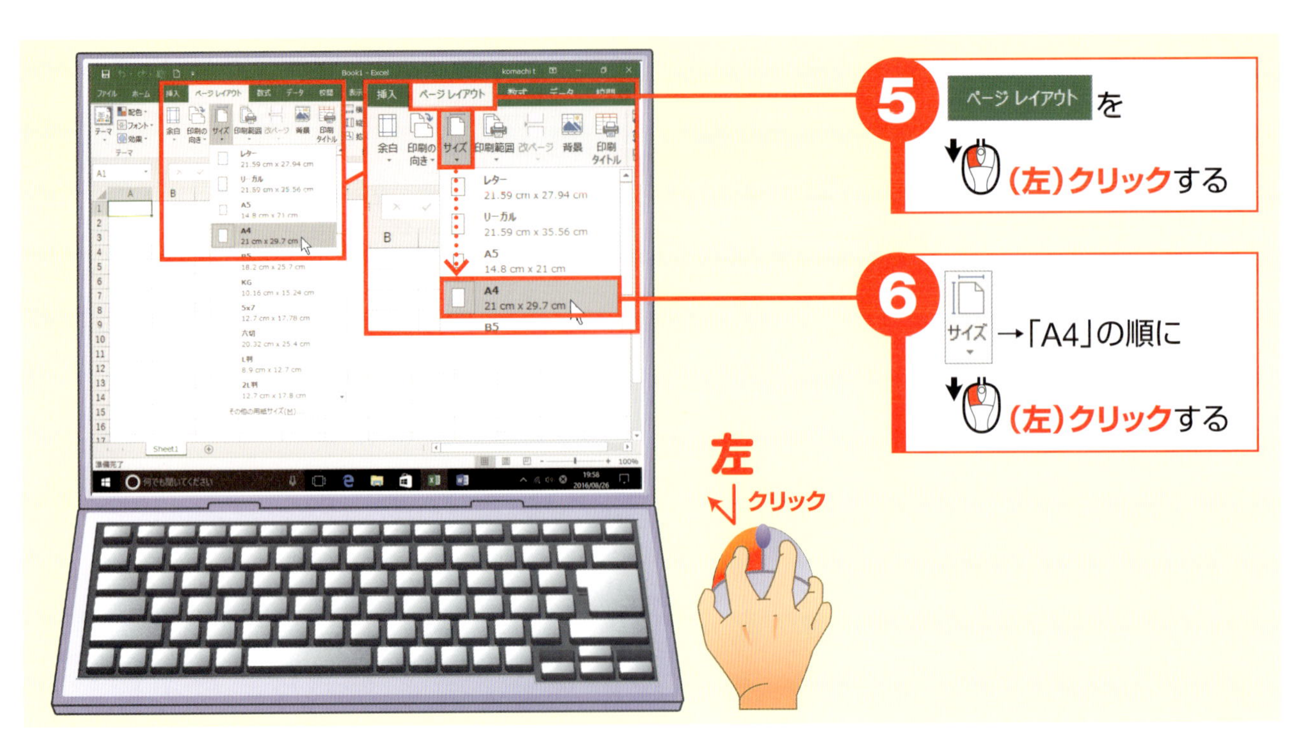

5
ページ レイアウト を
(左)クリックする
6
サイズ →「A4」の順に
(左)クリックする
左
クリック

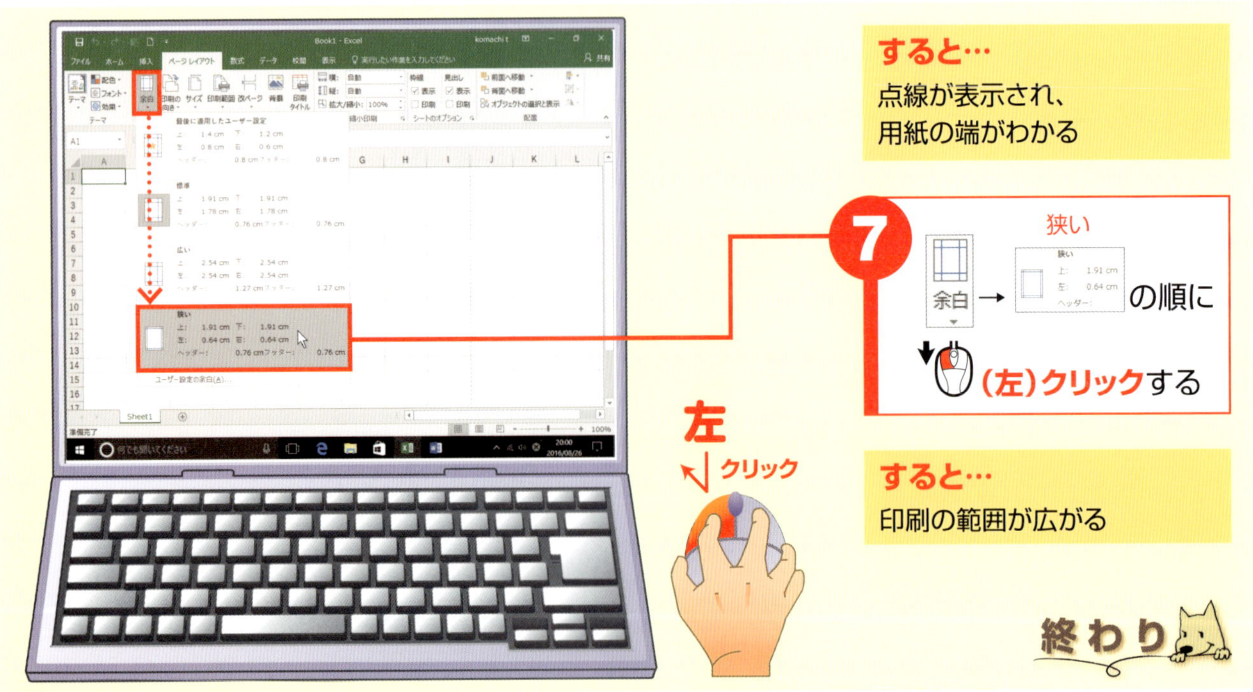

すると…
点線が表示され、
用紙の端がわかる
7
狭い
余白 → の順に
(左)クリックする
左
クリック
すると…
印刷の範囲が広がる
終わり

●ページ設定　[ページ設定] グループの をクリックしてダイアログボックスを表示すると、より詳しい設定ができるよ。(清水セブ)

Let's check!

エクセルの各部名称を知ろう

エクセルを起動して［空白のブック］を（左）クリックすると、最初に表示される画面について説明します。エクセルは表を作るために役立つ部分が多いのが特徴です。

タブ：（左）クリックすると下のリボンの様子が変わり、さまざまな操作をすることができます。

リボン：ここに表示されるボタンを（左）クリックすることで、文字に色を付けたり、計算式をすばやく入れたりすることができます。

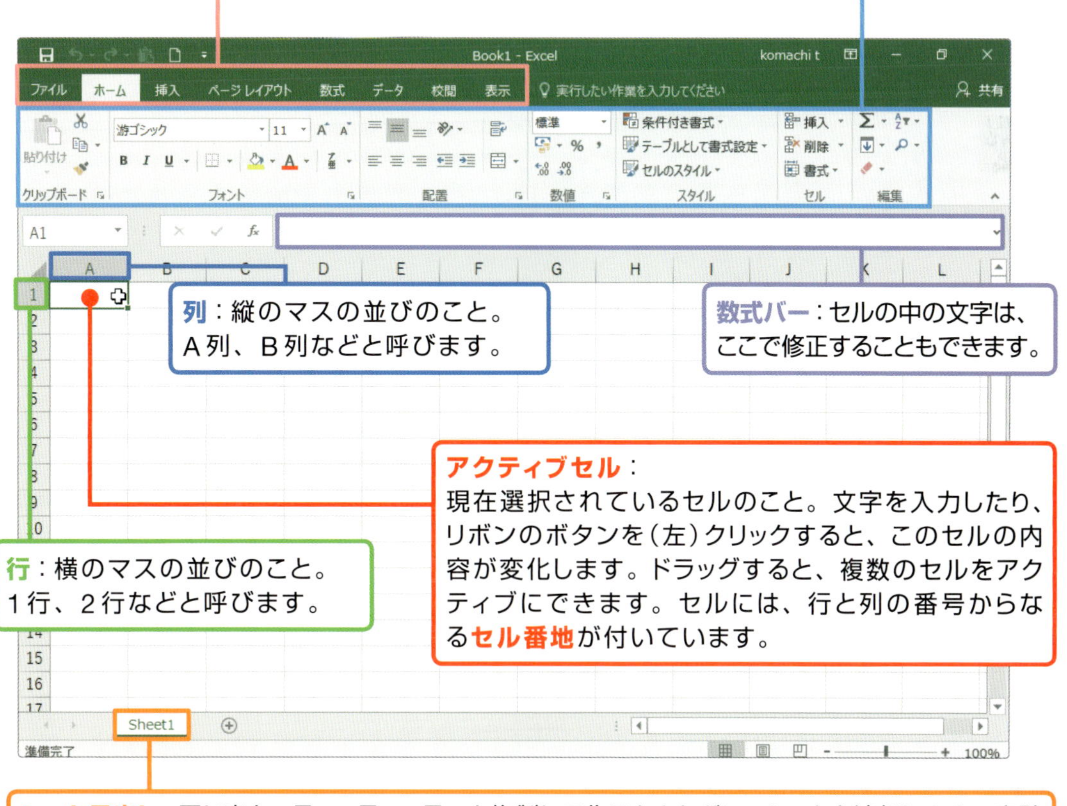

列：縦のマスの並びのこと。A列、B列などと呼びます。

数式バー：セルの中の文字は、ここで修正することもできます。

アクティブセル：
現在選択されているセルのこと。文字を入力したり、リボンのボタンを（左）クリックすると、このセルの内容が変化します。ドラッグすると、複数のセルをアクティブにできます。セルには、行と列の番号からなる**セル番地**が付いています。

行：横のマスの並びのこと。1行、2行などと呼びます。

シート見出し：同じ表を1月、2月、3月…と複製して作るときなどに、シートを追加します。家計簿などは1月分のシートを作り、それを複製して12か月分（1年間）を完成させます。⊕を（左）クリックすると、空白のシート Sheet1 を作成できます。

02 セルに文字を入力しよう

エクセルでは、セルに文字を入力していくことで、表を作成します。1つのマスには、1つの事項を入れるようにしましょう。

キーワード
- □ セル
- □ アクティブセル
- □ 数式バー

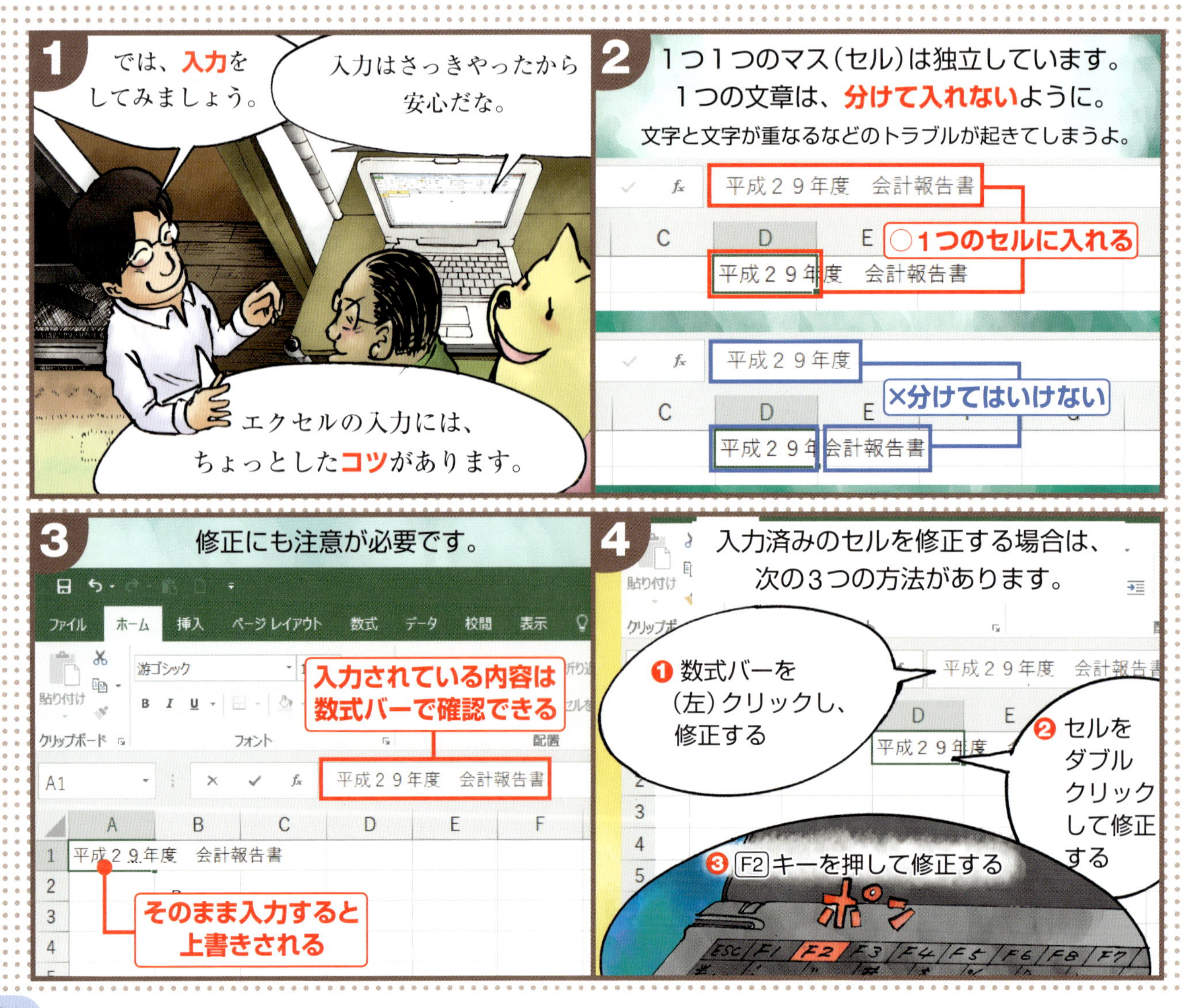

1
入力モードが
ひらがな
あになっているか
確認する
なっていなかったら
半角/全角 キーを押す
2
「平成28年度
会計報告書」と
入力する
なし

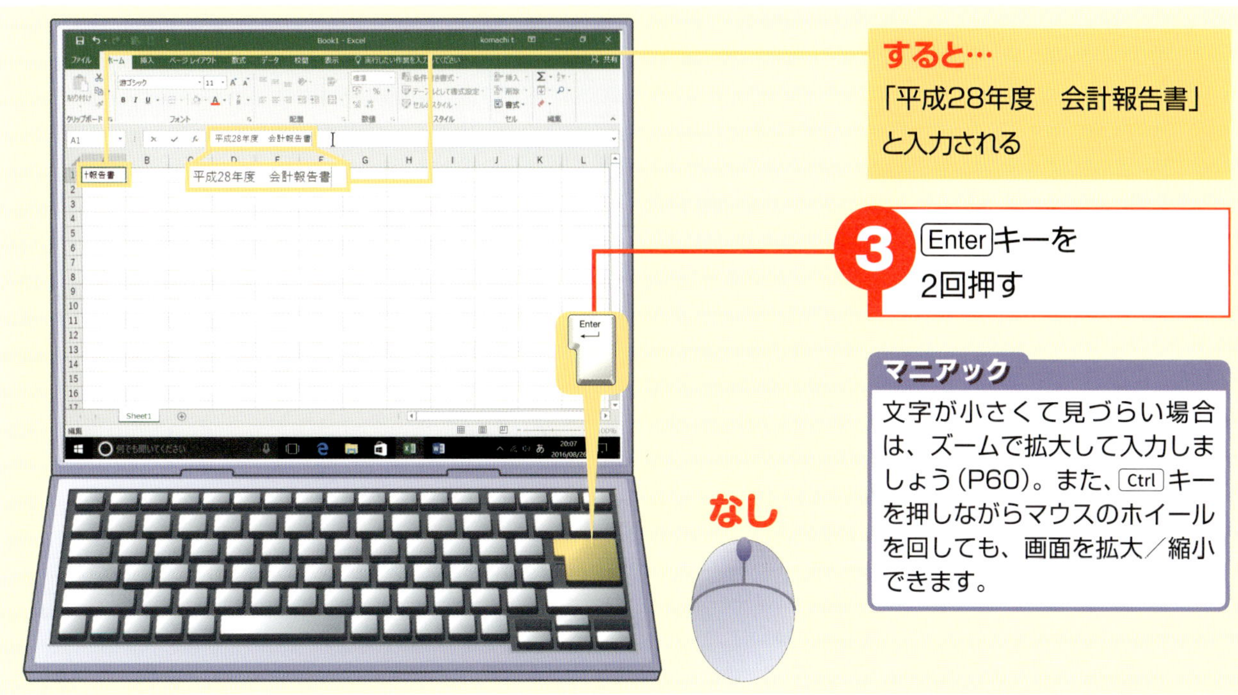

マニアック

文字が小さくて見づらい場合は、ズームで拡大して入力しましょう（P60）。また、Ctrl キーを押しながらマウスのホイールを回しても、画面を拡大／縮小できます。

●**全角と半角**　文字には、全角と半角があります。1234Abcdｱｲｳが半角で、数字や英語は半角が一般的です。１２３４Ａｂｃｄアイウが全角で、日本語やカタカタは全角で入力するのが一般的だよ。（伊藤りく）

すると…

[Enter]キーを押した分だけアクティブセルが下に移動して、A3セルが入力できる状態になる

マニアック

左の画面では、見やすくするため表示を大きくしています。画面右下にあるズームの[+]を(左)クリックすると拡大します。

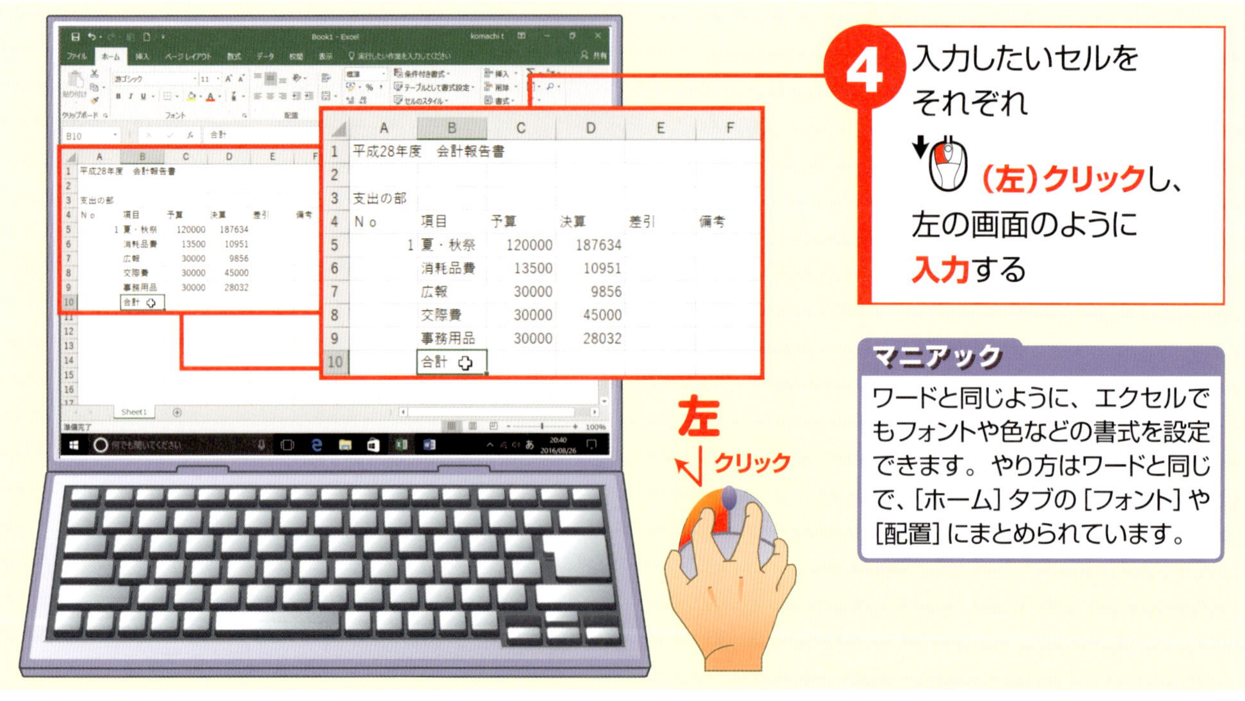

4 入力したいセルをそれぞれ **(左)クリック**し、左の画面のように**入力**する

マニアック

ワードと同じように、エクセルでもフォントや色などの書式を設定できます。やり方はワードと同じで、[ホーム]タブの[フォント]や[配置]にまとめられています。

●左揃えと右揃え　エクセルで日本語や英語を入力すると左揃えになる。これはワードと一緒だね。でも、数字を入力すると、数字の桁がわかりやすいように、自動で右揃えになるんだ。（笹本ミルキー）

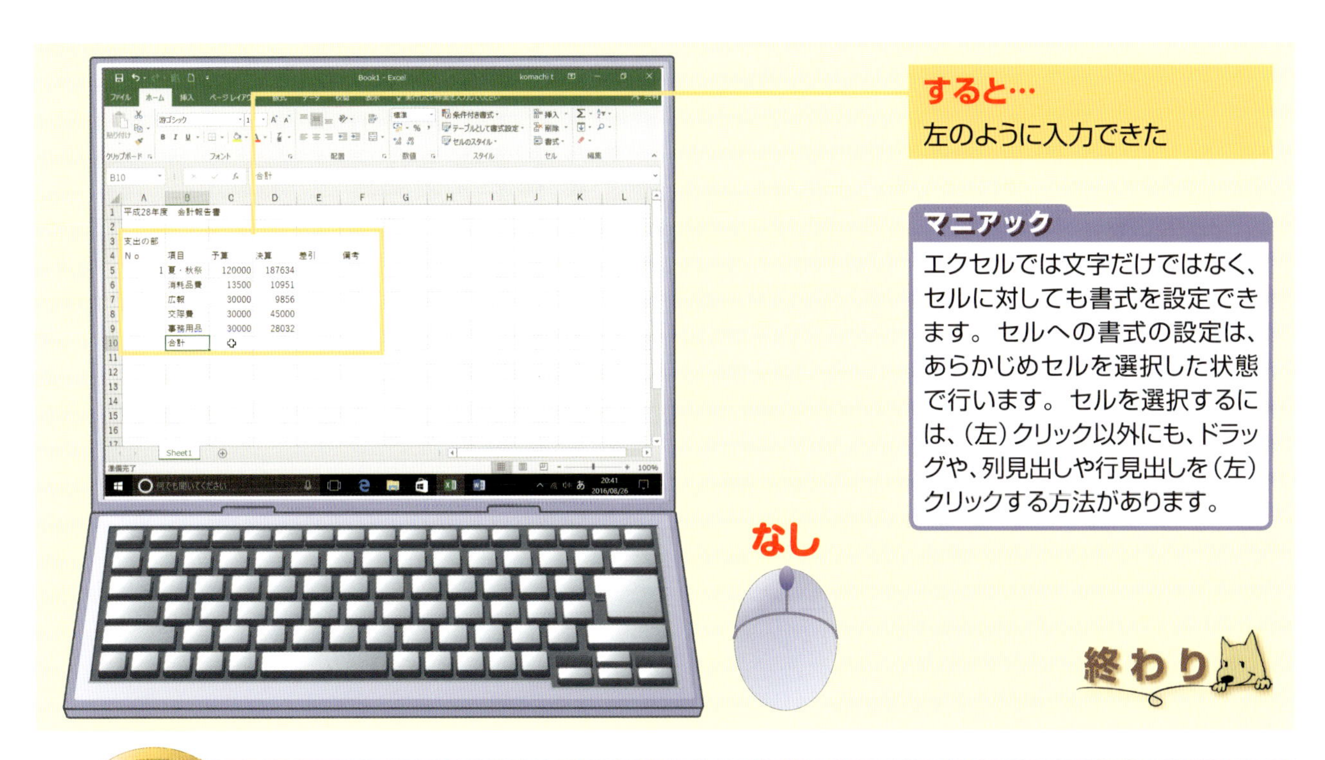

マニアック

エクセルでは文字だけではなく、セルに対しても書式を設定できます。セルへの書式の設定は、あらかじめセルを選択した状態で行います。セルを選択するには、（左）クリック以外にも、ドラッグや、列見出しや行見出しを（左）クリックする方法があります。

エクセル特有の書式を知ろう

エクセルでは、ワードと同様に書式を設定できます。また、エクセル特有の書式もあります。ここでは、エクセル特有の書式を紹介します。

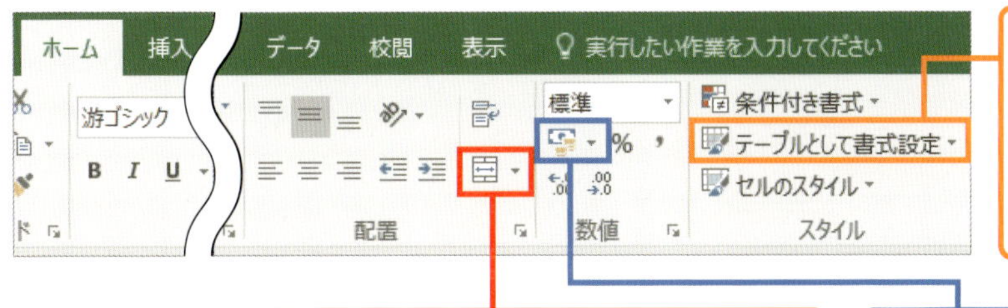

テーブルとして書式設定：
表に一気に書式を設定できます。さらに表の並べ替えができるフィルター機能も同時に有効になります。

セルを結合して中央揃え：
2つ以上のセルを結合し、1つのセルにします。▼を（左）クリックして、結合を解除することもできます。

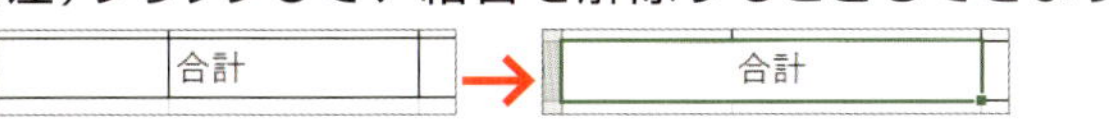

数値の書式：
数値に¥などの通貨スタイルや、,などの書式を設定します。

¥187,634

第5章 エクセルで計算表を作成しよう

03 入力した文字を編集しよう

セルに入力された文字を修正する場合は、数式バーを（左）クリックしたり、F2キーを押したりしてセルに文字カーソルを入れてから、文字の編集を行います。

キーワード
- □ 数式バー
- □ 文字カーソル
- □ F2キー

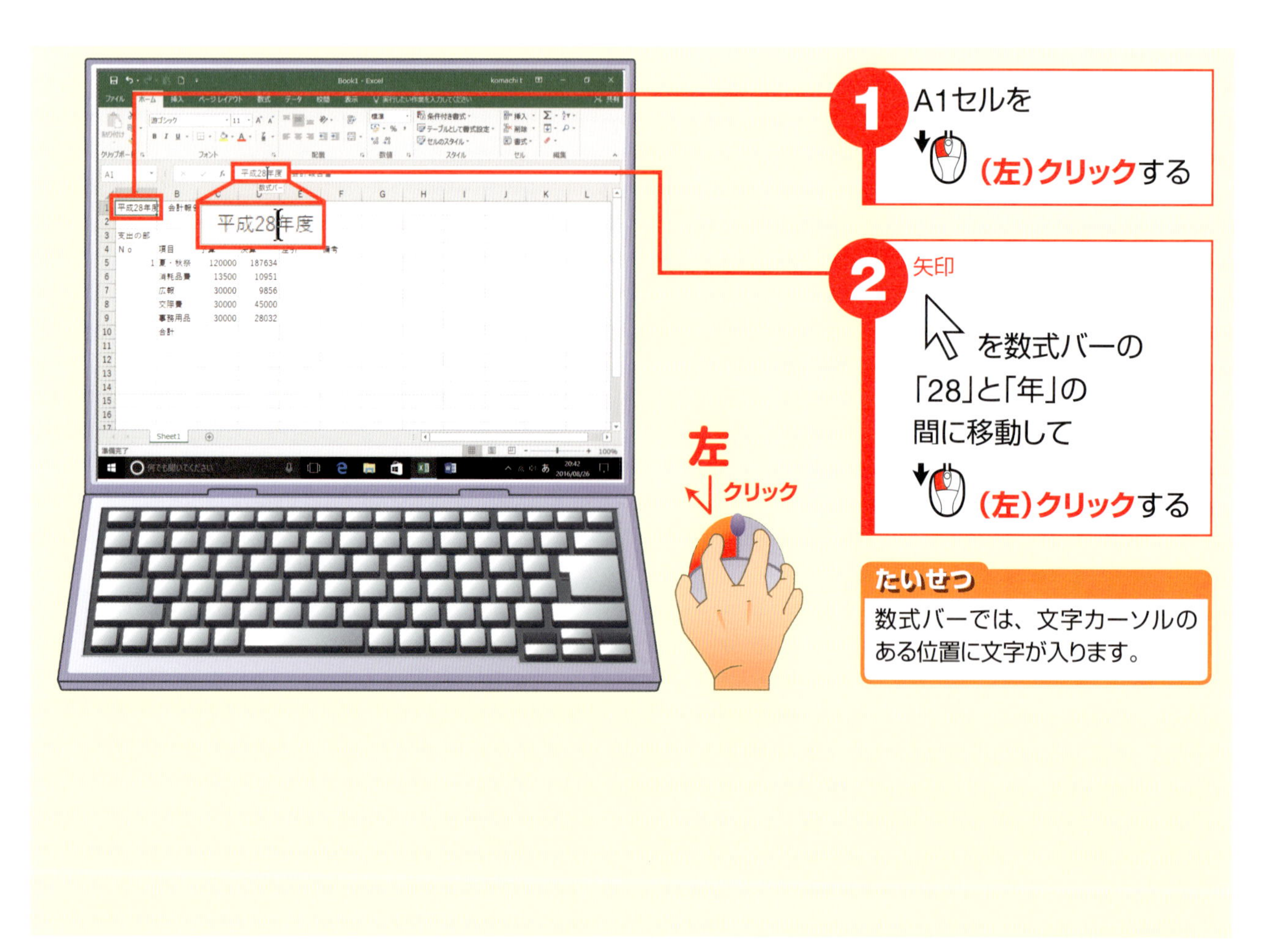

1 A1セルを（左）クリックする

2 矢印 を数式バーの「28」と「年」の間に移動して（左）クリックする

たいせつ

数式バーでは、文字カーソルのある位置に文字が入ります。

●**ステータスバー**　エクセルやワードの画面最下部のバー。さまざまな状態を確認できるよ。セル内にカーソルが入ると「編集」、入力状態の「入力」、セルの操作ができる「準備完了」のように表示されるよ。(小林くー)

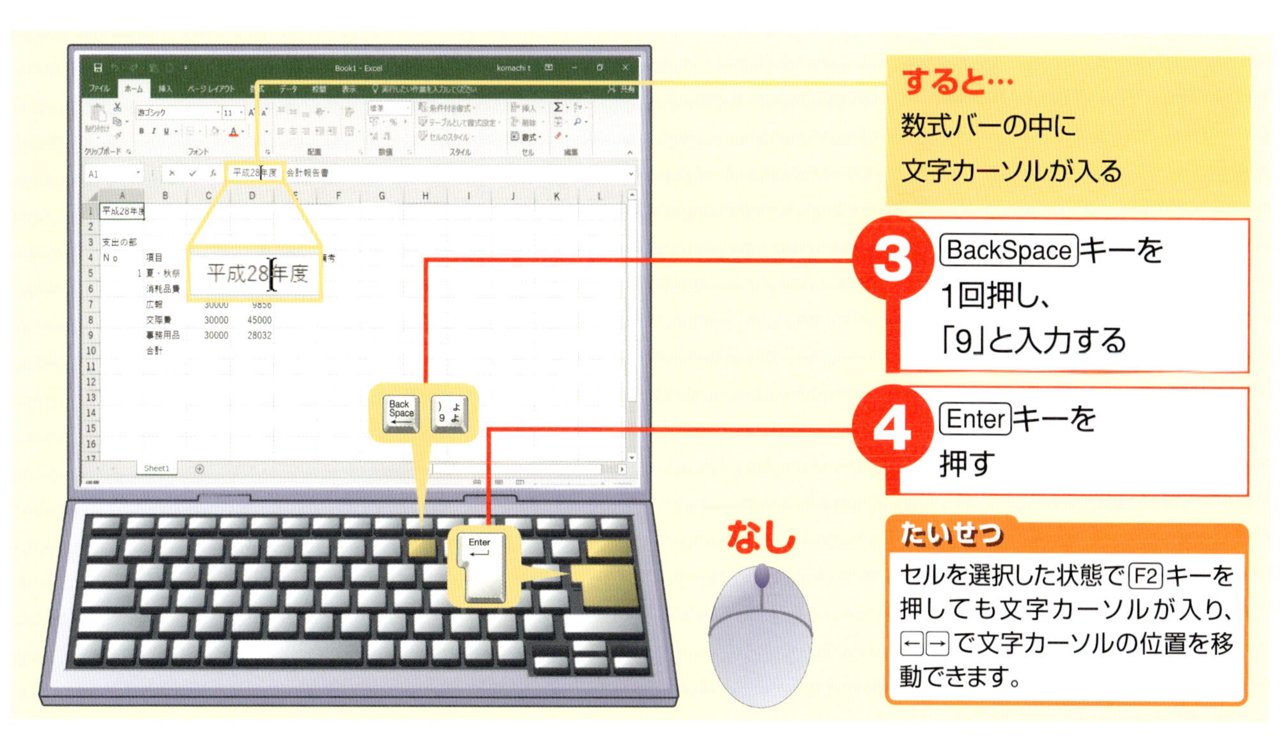

すると…

数式バーの中に
文字カーソルが入る

3 BackSpaceキーを
1回押し、
「9」と入力する

4 Enterキーを
押す

たいせつ

セルを選択した状態でF2キーを押しても文字カーソルが入り、←→で文字カーソルの位置を移動できます。

すると…

8が消えて9が入力され、
「平成29年度」になった

マニアック

セル内の文字の編集中は、配置やフォントなどの書式設定ができなくなります。Enterキーを押して、入力や編集状態を解除します。

終わり

A列から文字がはみ出しても問題ないよ。文章はセルを区切って入れるのではなく、A1のセルに一文すべてを入れていきます。B1セルに文字を入れると、A1セルからはみ出した部分は重なって見えなくなるよ。(コユキ)

04 オートフィルで連続データを入力しよう

エクセルには、1、2、3や月、火、水など、連続したデータをかんたんに入力する、オートフィルという機能があります。入力を楽にしてくれる、とても便利な機能です。

キーワード

- □ オートフィル
- □ オートフィルオプション
- □ 連続データ

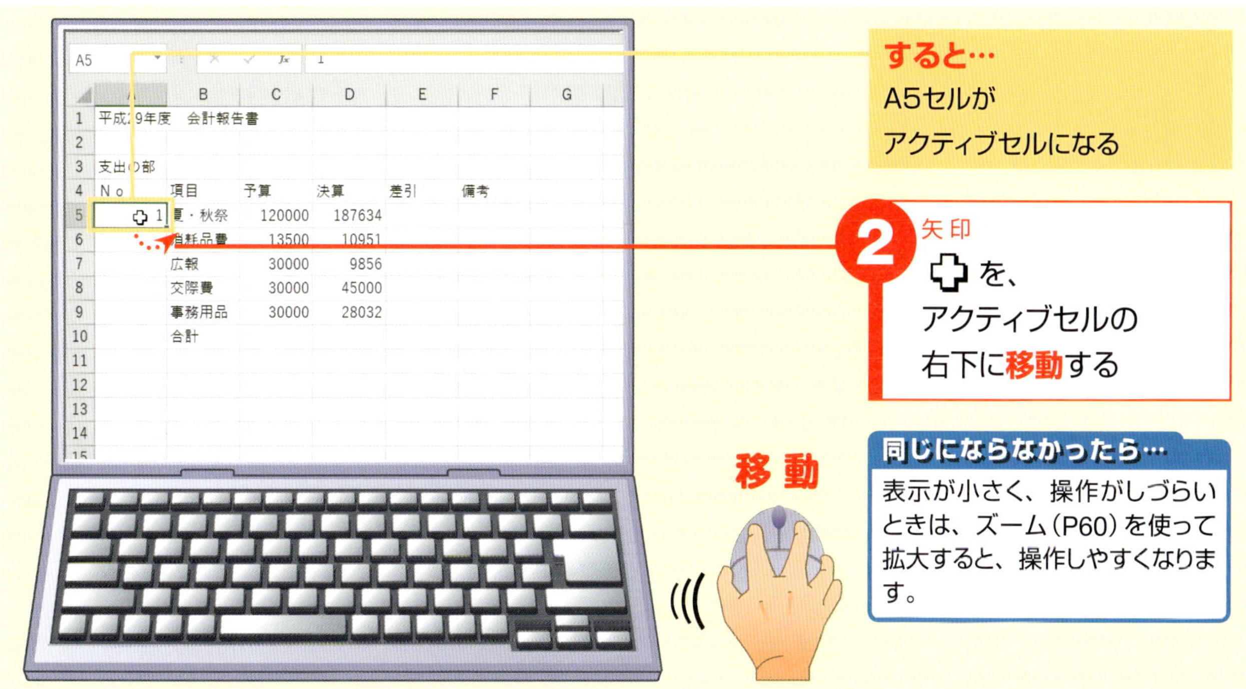

同じにならなかったら…

表示が小さく、操作がしづらいときは、ズーム(P60)を使って拡大すると、操作しやすくなります。

●**オートフィルオプション**　オートフィルでセルをコピーしたときに表示される のこと。セルのコピー(同じ値)、連続データ、書式のみ(色や書体の情報だけ)から選べるよ。P129のコラムも見てね！(志村マリオ)

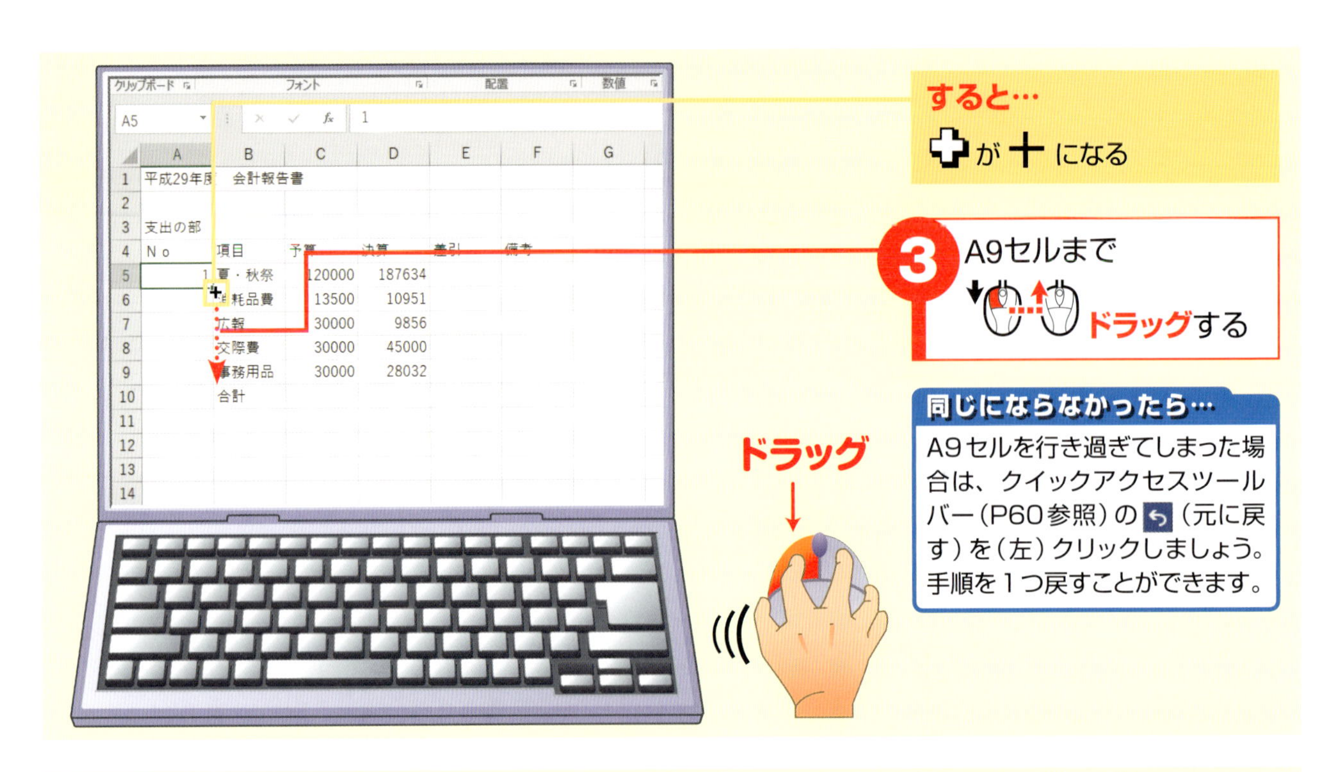

●**オートフィルオプションを非表示にする** オートフィルやコピー&貼り付けをしたときに表示されるオートフィルオプションは、Escキーを押すと消すことができるよ。（松岡バディ）

すると…
連続データ(1、2、3、4…)が入力できた
たいせつ
オートフィルを行う場合は、矢印の形に注目しましょう。場所によって、形が＋や✥↗に変わります。✥でドラッグすると、セルの内容を移動できます。
なし
終わり

オートフィルを活用しよう

オートフィルを活用すれば、さまざまな連続データや逆順の数字の入力、土日を除いた平日のみの入力ができます。

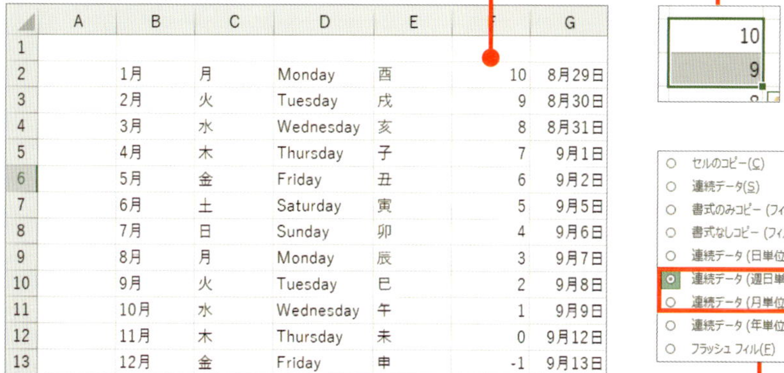

	A	B	C	D	E	F	G
1							
2		1月	月	Monday	酉	10	8月29日
3		2月	火	Tuesday	戌	9	8月30日
4		3月	水	Wednesday	亥	8	8月31日
5		4月	木	Thursday	子	7	9月1日
6		5月	金	Friday	丑	6	9月2日
7		6月	土	Saturday	寅	5	9月5日
8		7月	日	Sunday	卯	4	9月6日
9		8月	月	Monday	辰	3	9月7日
10		9月	火	Tuesday	巳	2	9月8日
11		10月	水	Wednesday	午	1	9月9日
12		11月	木	Thursday	未	0	9月12日
13		12月	金	Friday	申	-1	9月13日
14							

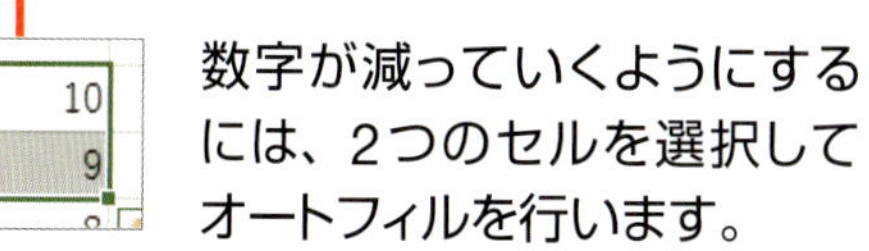

数字が減っていくようにするには、2つのセルを選択してオートフィルを行います。

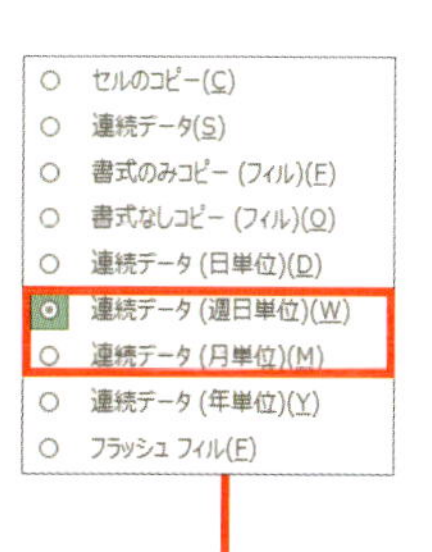

日付の場合は、オートフィルオプションで、「週日単位(W)」や「月単位(M)」が選べます。

05 表に罫線を引こう

罫線を引くには、「罫線グリッドの作成」機能を使う方法が便利です。ドラッグ操作で、かんたんに罫線を引くことができます。

キーワード
- □ 罫線
- □ 罫線グリッドの作成
- □ 罫線の作成

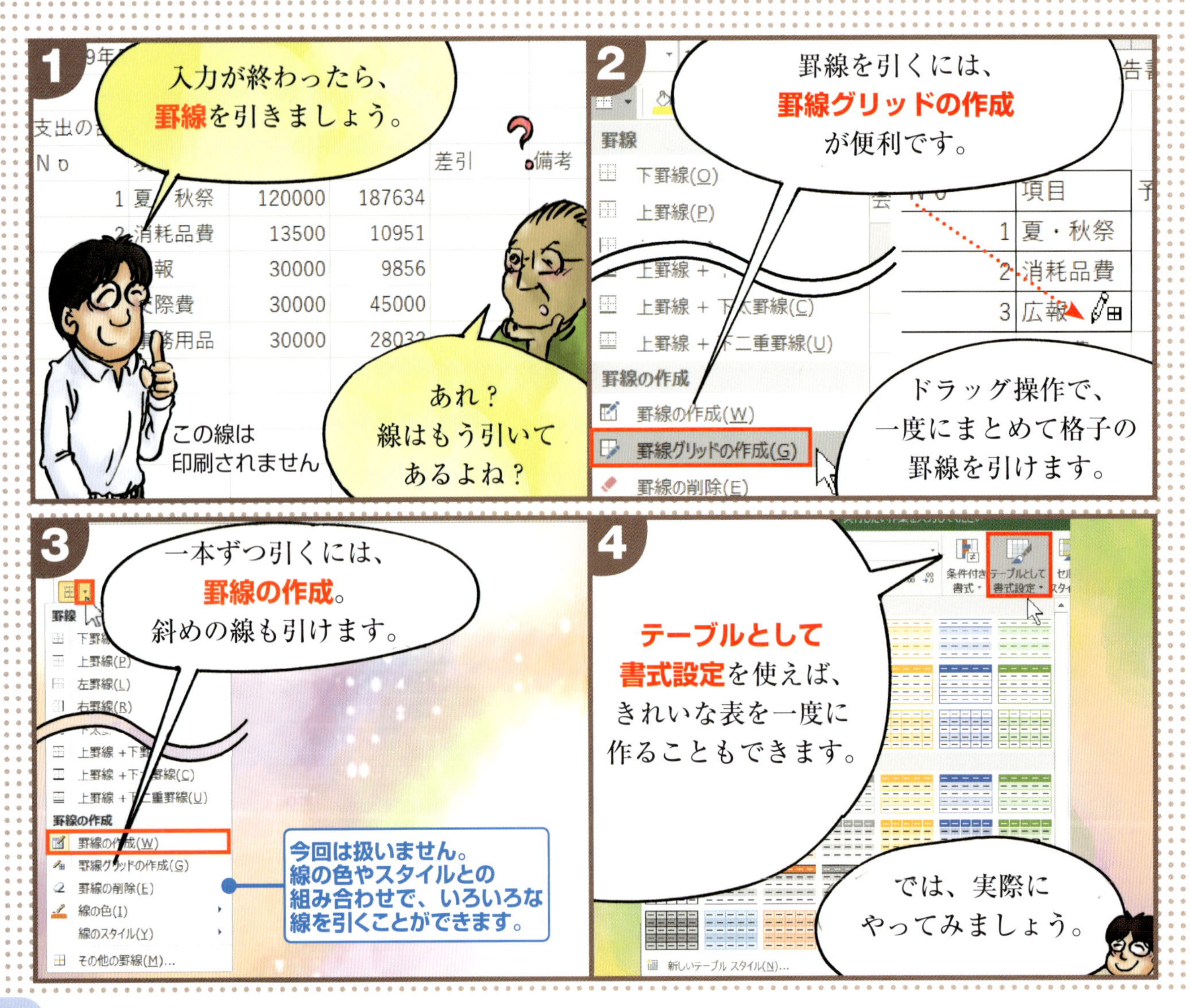

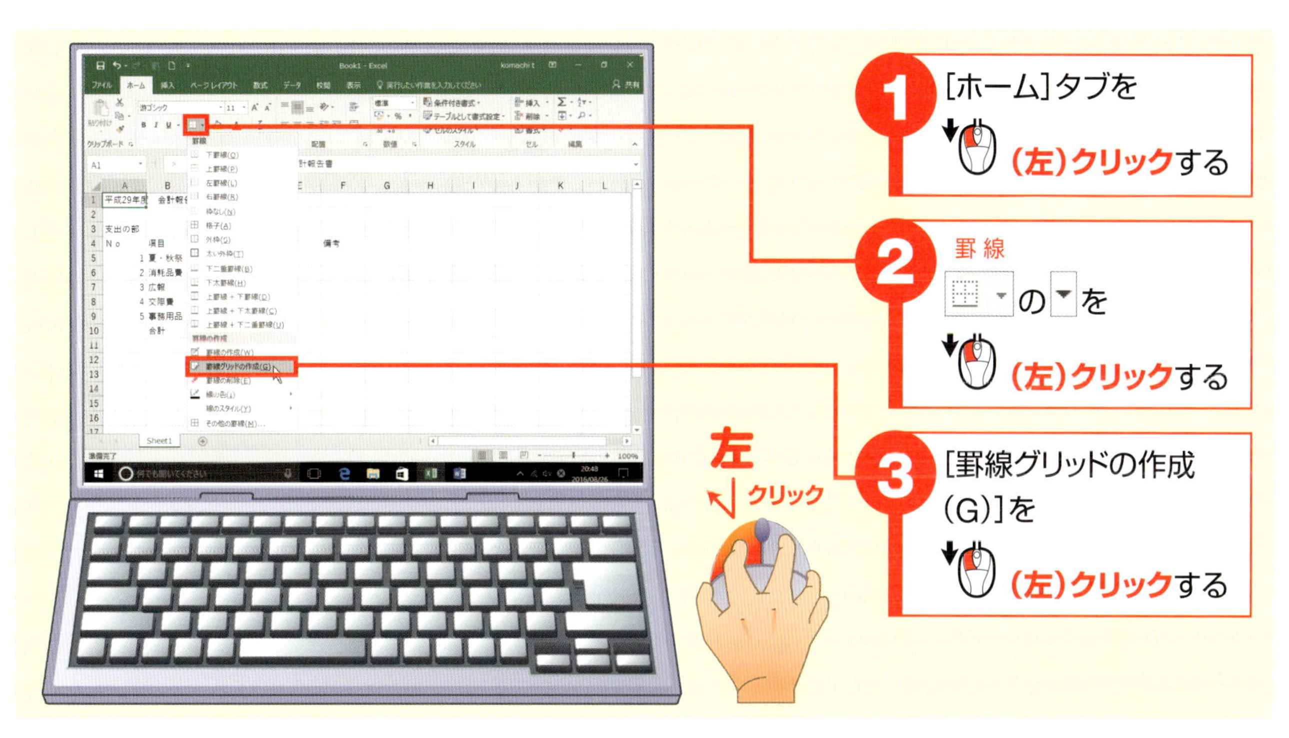

1 [ホーム]タブを
(左)クリックする
2 罫線
の を
(左)クリックする
3 [罫線グリッドの作成(G)]を
(左)クリックする
左
クリック

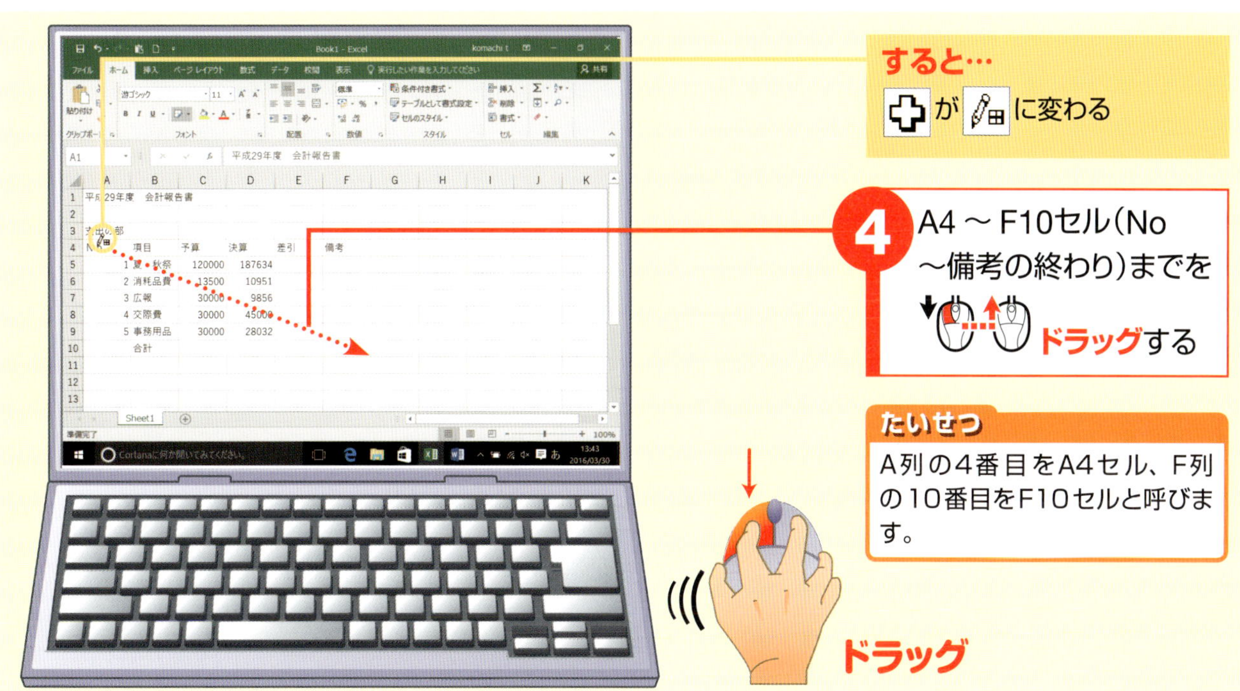

すると…
が に変わる
4 A4 ～ F10セル(No～備考の終わり)までを
ドラッグする
ドラッグ

たいせつ

A列の4番目をA4セル、F列の10番目をF10セルと呼びます。

●**テーブルとして書式設定** [ホーム]タブにある機能で、これを使うと一瞬でキレイな表になるよ。行や列を追加すると、自動で書式も引き継がれるので便利だよ。(岩間コジロー)

すると…
罫線が引けた

5 Escキーを押すと、 が に変わる

たいせつ
手順❸で[罫線の作成(W)]を選ぶと、ドラッグ操作で１本ずつ線を引くことができます。罫線を消したい場合は、[罫線の削除(E)]を利用します。

終わり

Let's check!

いろいろな罫線を引く

ここでは一度に格子の罫線を引く、「罫線グリッドの作成」の説明をしましたが、罫線の色を指定したり、斜めの罫線なども引くことができます。

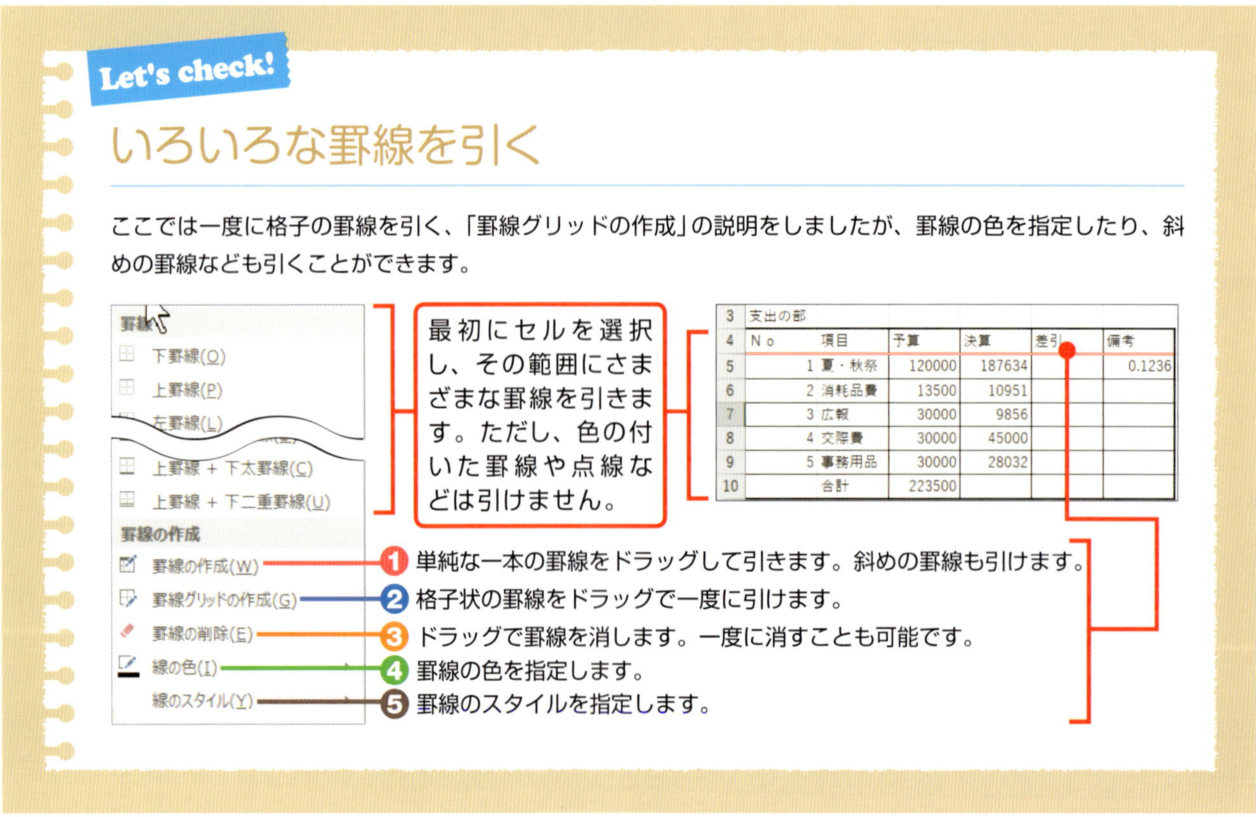

最初にセルを選択し、その範囲にさまざまな罫線を引きます。ただし、色の付いた罫線や点線などは引けません。

❶ 単純な一本の罫線をドラッグして引きます。斜めの罫線も引けます。
❷ 格子状の罫線をドラッグで一度に引けます。
❸ ドラッグで罫線を消します。一度に消すことも可能です。
❹ 罫線の色を指定します。
❺ 罫線のスタイルを指定します。

エクセルの便利な機能を知ろう

エクセルには、表を取り扱うのに便利な機能がたくさんあります。

●行や列の幅を変える

行の高さや列の幅を変更するには、それぞれの見出しの境界線をドラッグします。

列の幅の変更

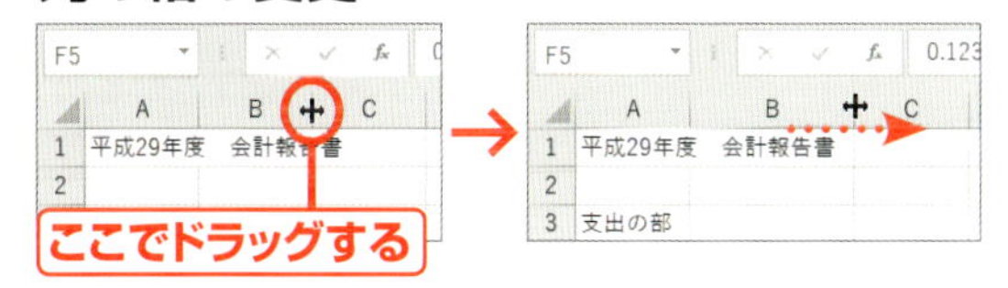

行の高さの変更

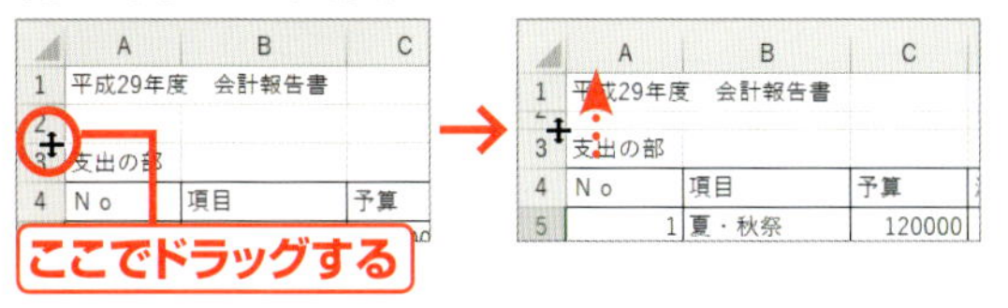

●行や列の挿入と削除

行や列をあとから追加／削除することができます。

❶ 列（または行）の見出しを（左）クリックする。

❷ ［ホーム］タブの［挿入］または［削除］を（左）クリックする。

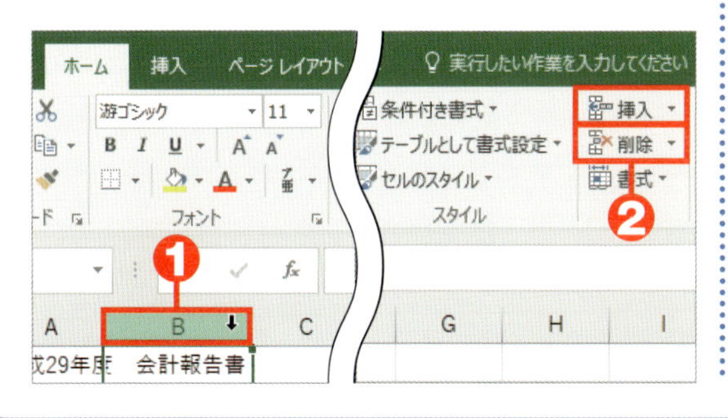

●並べ替えや検索と置換

エクセルは表の中で順番を変更したり、必要な文字や値を検索・置換することができます。これらをデータベース機能と呼びます。

並べ替え

❶ 並べ替えの基準になる列を（左）クリックする。

❷ （並べ替えとフィルター）→［昇順(S)］または［降順(O)］を（左）クリックする。

❸ 順番が並び変わる。

No	項目	予算	決算	差引	備考
1	夏・秋祭	120000	¥187,634		0.1
4	交際費	30000	45000		
5	事務用品	30000	28032		
2	消耗品費	13500	10951		
3	広報	30000	9856		
合計		223500			

検索と置換

❶ （検索と選択）→［置換(R)］を（左）クリックする。

❷ 検索する文字列(N)と［置換後の文字列(E)］を入力し、［置換(R)］を（左）クリックする。

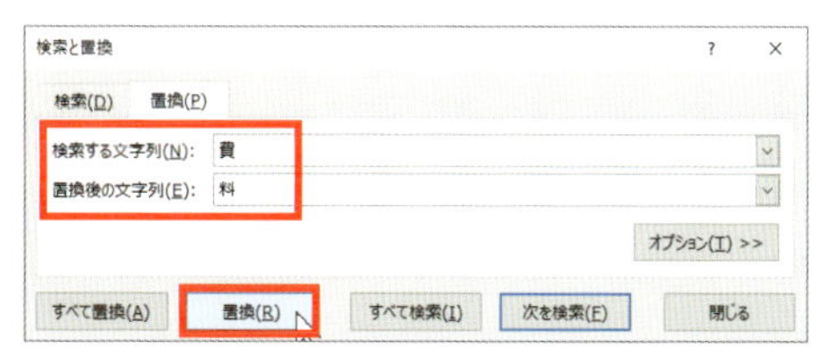

合計を計算しよう

エクセルの計算式の基本は、足し算、引き算、掛け算、割り算です。一般の計算式と違うのは、最初に=を入力するという点です。

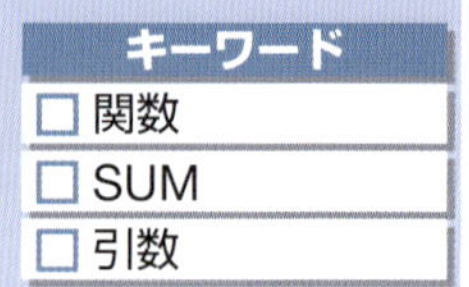

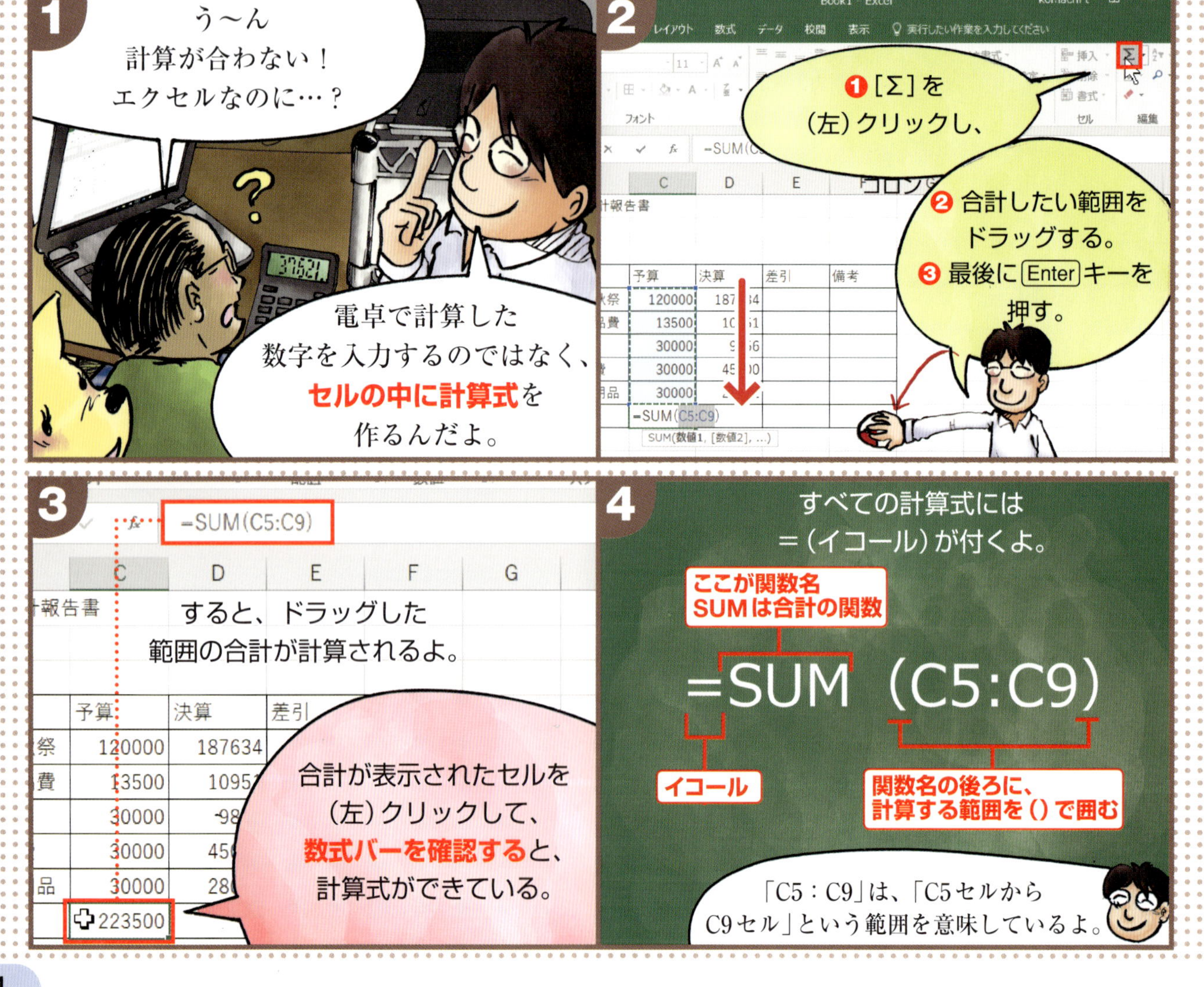

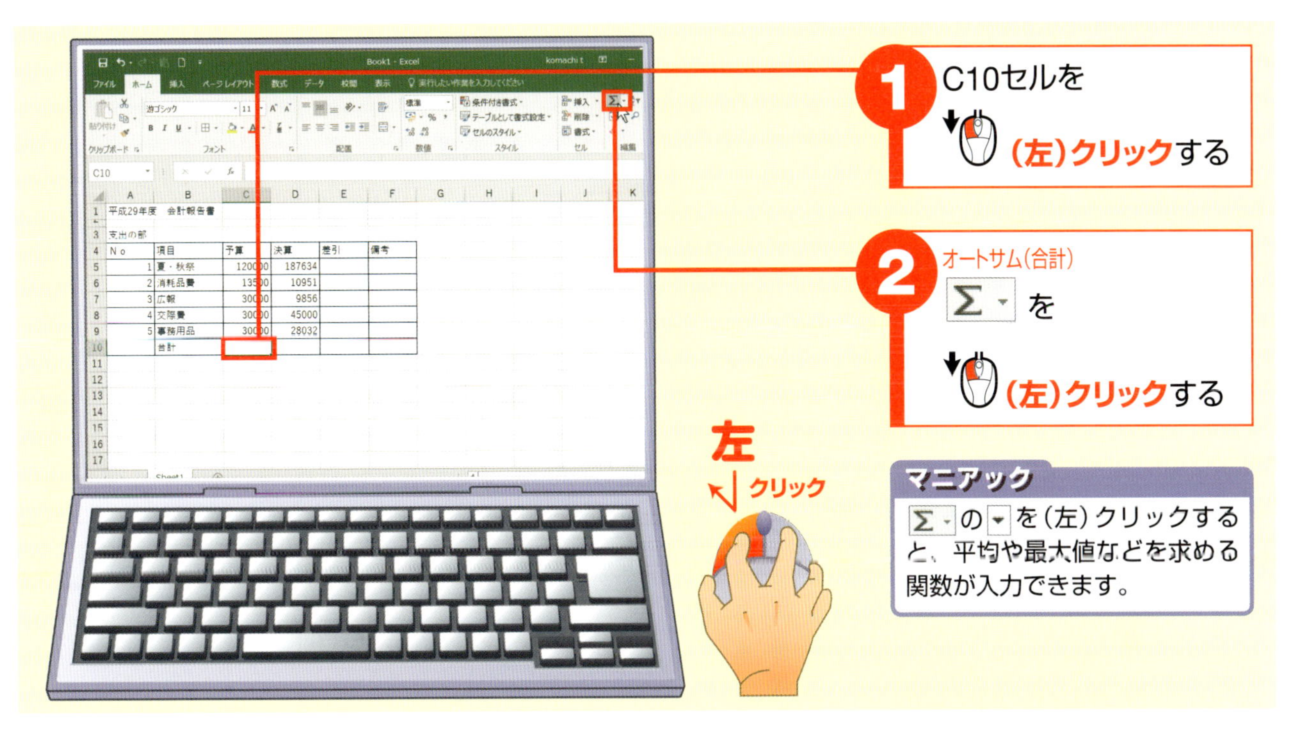

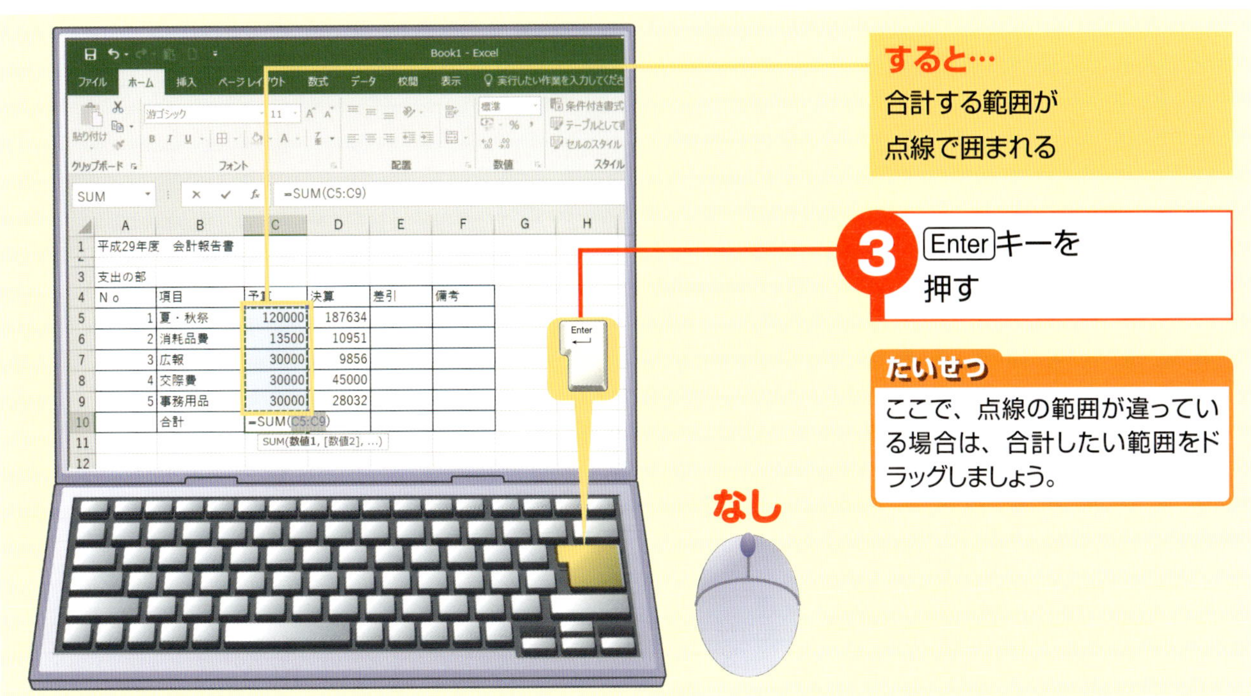

エクセルでは計算式を入力する場合、数値を直接入れるのではなく、A1などセル番地を入力するのが基本だよ。セル番地を指定することで、セルの内容が変わっても再計算してくれるんだ。(斎藤リリー)

すると…
合計が入力された
やってみよう
D10セルにも、合計を入れてみましょう。
なし
終わり

COLUMN

引き算・掛け算・割り算の入れ方

足し算は、Σ（オートサム）でかんたんに出せますが、引き算や掛け算、割り算を行うにはいくつかの手順が必要です。

1. 答えを表示したいセルを（左）クリックします。
2. 英語入力に切り替えて、「=」を入力します。
3. 計算したいセルを（左）クリックします。
4. 引き算の場合は、「−」を入力します。
   掛け算の場合は、「*」を入力します。
   割り算の場合は、「/」を入力します。
5. 計算したいセルを（左）クリックして、Enterキーを押します

すると、答えが表示されます。

夏祭り会計報告	単価	110
	個数	100
	決算	=D2*D3 （掛け算）
	予算	12000
	差引	=D5-D4 （引き算）
	予算に対する割合	=D4/D5 （割り算）

第 5 章

問題1

［　　　　］に当てはまるものを記入しましょう

入力済みのセルを編集するには
❶［　　　　］キーを押すか、
❷［　　　　］バーで直接編集するか、
セルをダブルクリックする。

連続したデータをすばやく入れることを
❸［　　　　］という。

合計を入れるには、❹［　　　　］ボタンを押す。

問題2

以下のような表を作成して、「見積書」と名前を付けて保存しましょう。計算式が必要なセルは、数値を入力するのではなく、計算式を入れます。

	A	B	C	D
1	御見積書			
2				
3	日の出赤塚町内会			御中
4				
5	品名	個数	単価	金額
6	お酒	10	100	1000
7	お菓子	10	98	980
8	紙コップ	3	88	264
9			合計	2244

よくある質問1

エクセルではグラフも入れられるの？

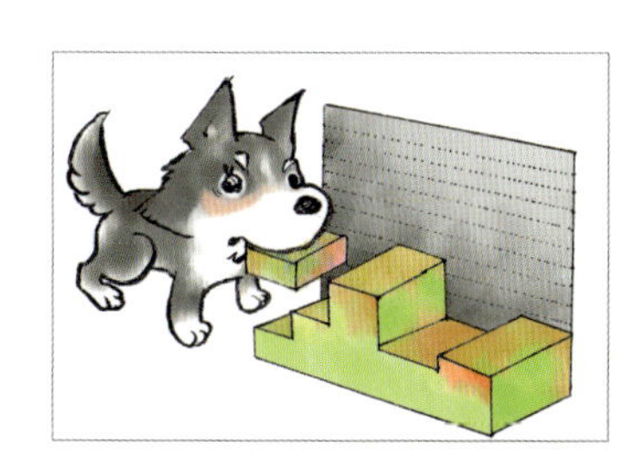

よくある質問2

シートの使い方を教えて！

見積書 | 受注確認書 | 請求書 | 領収書 | 納品書 | ⊕

第5章

こたえ1

❶ **F2**
❷ **数式**
❸ **オートフィル**
❹ **オートサム**

→ P120、126、134参照

こたえ2

❶ **それぞれの値をセルに入力する**
❷ **[罫線]→[罫線グリッドの作成]で、罫線を引く**
❸ **個数×単価の掛け算は、「=B6 * C6」「=B7 * C7」「=B8 * C8」のように入力する**
❹ **D9セルの足し算は、Σ を利用する**

よくある質問の回答1

グラフは、表を元にして作成できます。

❶ 表の中で、グラフにしたい範囲をドラッグして選択します。このとき、合計のセルは含めないのが一般的です。

❷ [挿入] タブのグラフの一覧から、好きなグラフを（左）クリックします。

よくある質問の回答2

シートの利用には、以下のような方法があります。

❶ シートの新規作成：シート見出しの⊕を（左）クリックします。

❷ シートのコピー：シート見出しを右クリックし、[移動またはコピー(M)] を（左）クリックします。続けて、[コピーを作成する(C)] にチェックを付けて、[OK] を（左）クリックします。

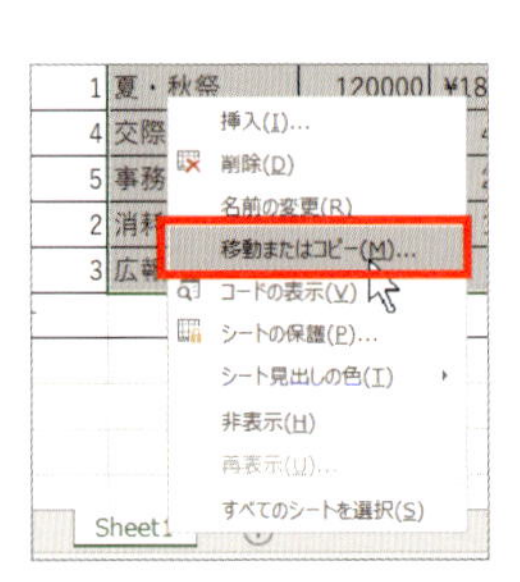

シートのコピーは、1～12月や見積書、請求書、納品書など、同じ様式の表を1つのファイルに複数作りたい場合に利用します。

この章を読み終えたら ✔ チェックしよう!

☐1回目　☐2回目　☐3回目　☐4回目　☐5回目　☐6回目　☐7回目

第６章

パソコンをもっと便利に活用しよう

理解したらチェックしよう！

- □ パソコンに写真を取り込める
- □ 写真を印刷できる
- □ ファイルとフォルダーの利用方法がわかる
- □ USBメモリーを利用できる

パソコンに写真を取り込もう

デジタルカメラで撮影した写真は、パソコンに取り込めば編集や印刷、管理がしやすく、とても便利です。ここでは「フォト」を利用し、パソコンに写真を取り込んでみます。

キーワード
- デジタルカメラ
- 取り込み
- USBケーブル

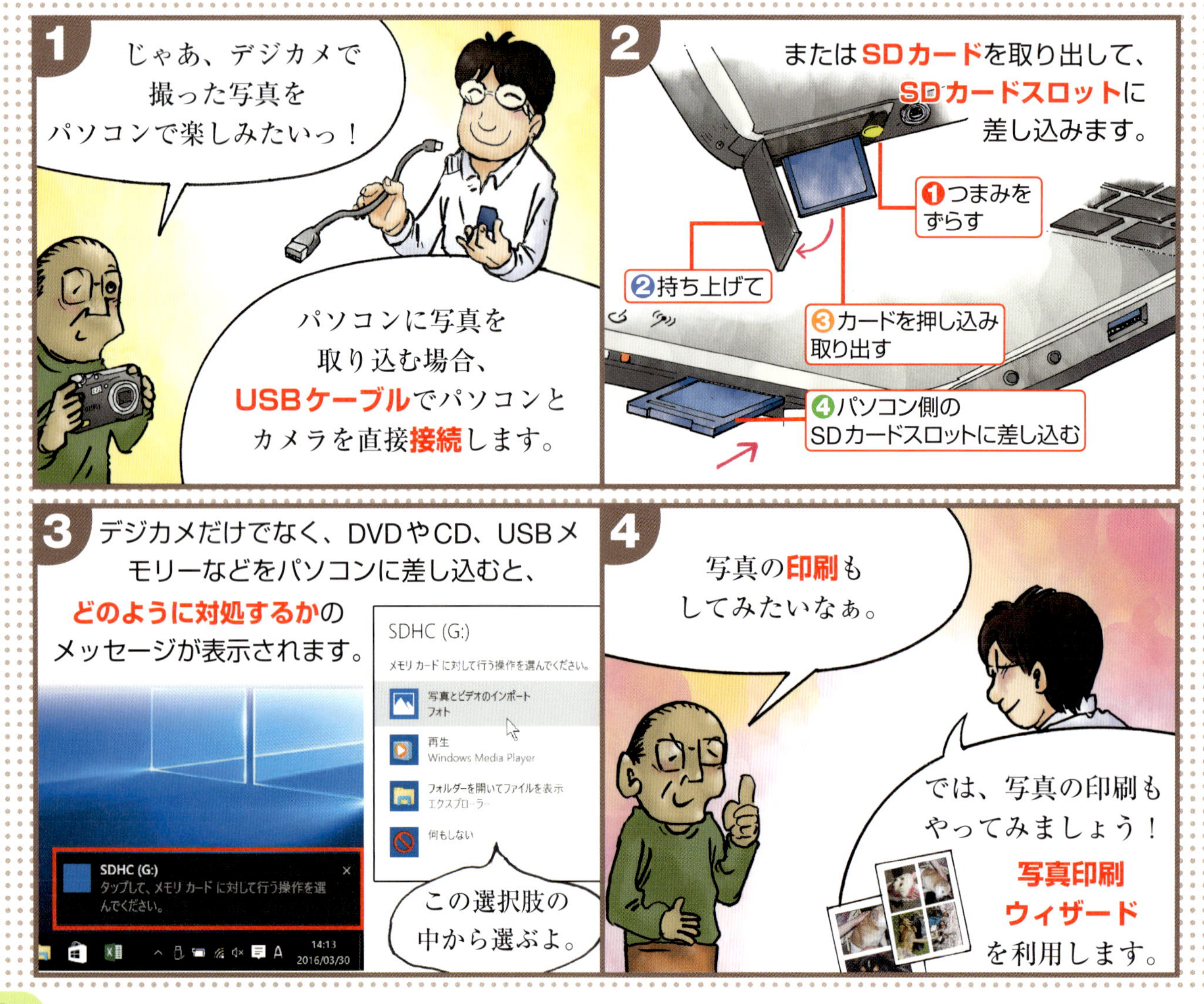

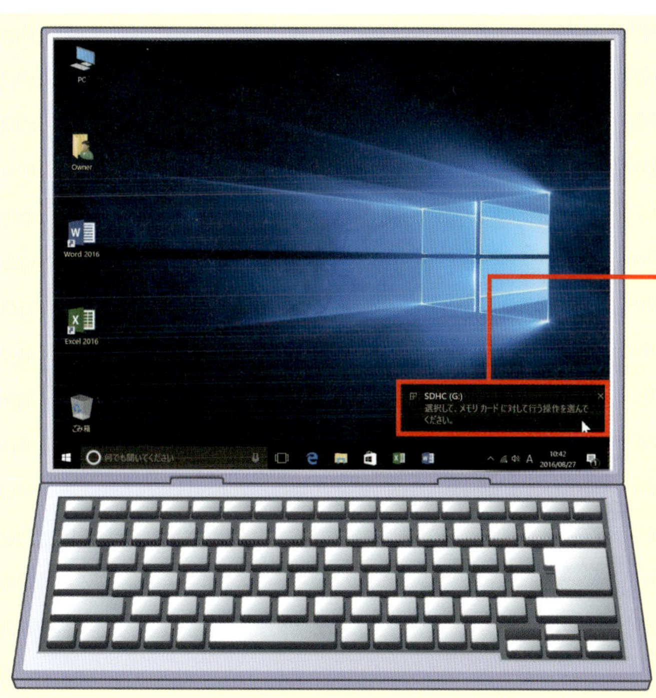

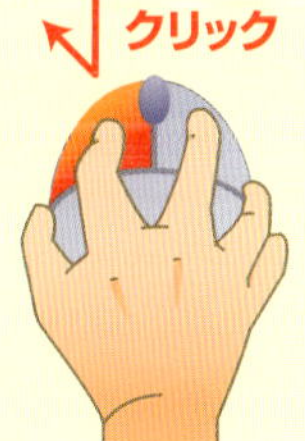

1 左ページの方法で、デジカメとパソコンを接続する

2 デスクトップ右下に表示されるメッセージを **(左)クリック**する

たいせつ

表示が消えてしまったときは、もう一度USBケーブルを差し込み直すと、再び表示されます。

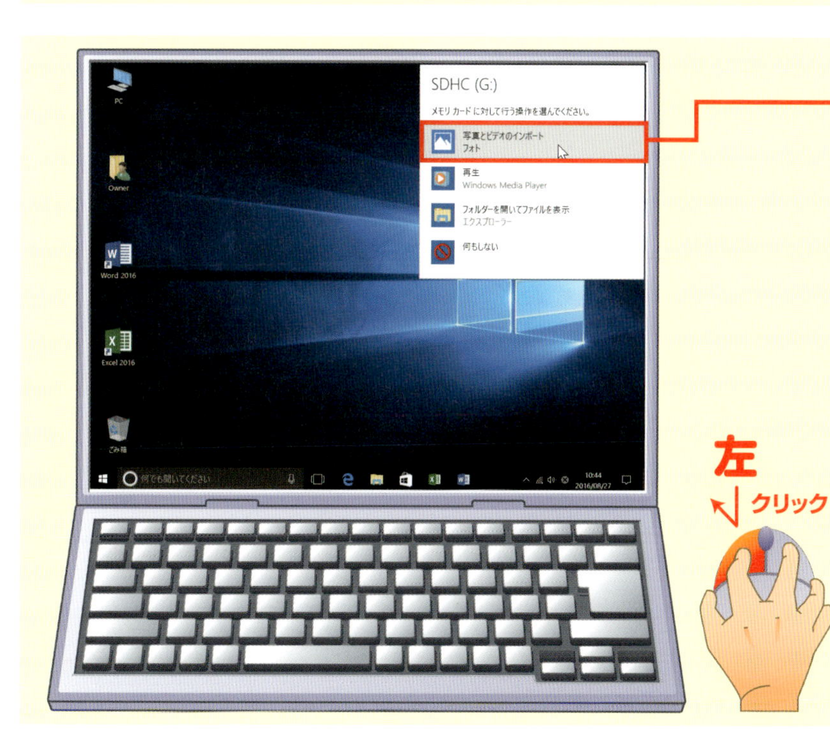

3 [写真とビデオのインポート(または取り込み) フォト]を

(左)クリックする

マニアック

ここで選択できる操作は、お使いのパソコンにより異なります。今回はフォトを利用して取り込みます。

同じにならなかったら…

スタート画面からフォトを起動し、[インポート]を(左)クリックします。

●**自動再生画面**　デジタルカメラやUSBメモリーをパソコンに接続すると表示される画面のことだよ。[フォルダーを開く]や[写真を取り込む]などを選べるよ。(渡部ファービー)

4 パソコンに取り込まない写真を（左）クリックし、☑を外す

5 [インポート]または[続行]を（左）クリックする

同じにならなかったら…

「インポート元のデバイスを選んでください」と表示されたら、SDカードを（左）クリックします。

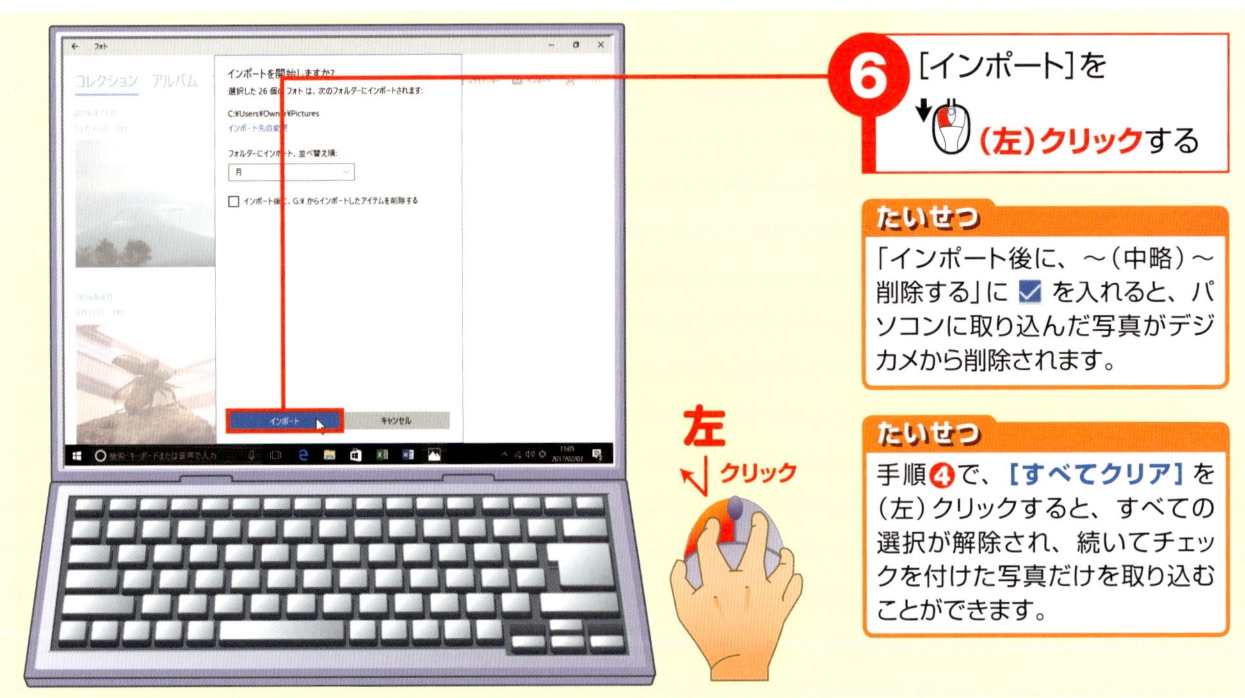

6 [インポート]を（左）クリックする

たいせつ

「インポート後に、～（中略）～削除する」に☑を入れると、パソコンに取り込んだ写真がデジカメから削除されます。

たいせつ

手順❹で、**[すべてクリア]**を（左）クリックすると、すべての選択が解除され、続いてチェックを付けた写真だけを取り込むことができます。

●**ファイル名の付け方**　写真をきちんと整理するためには、「日付＋分類名」という形式でファイルに名前を付けておくと、あとから探しやすくなるよ。（田草川チェリー）

COLUMN フォルダーで写真を表示する

写真をフォルダーから見たい場合は、デスクトップ画面のタスクバーで [エクスプローラー] を（左）クリックします。[ピクチャ] または [画像] を（左）クリックすると、取り込んだ写真が保存されたフォルダーが表示されます。このフォルダーをダブルクリックすると、中の写真が一覧表示されます。

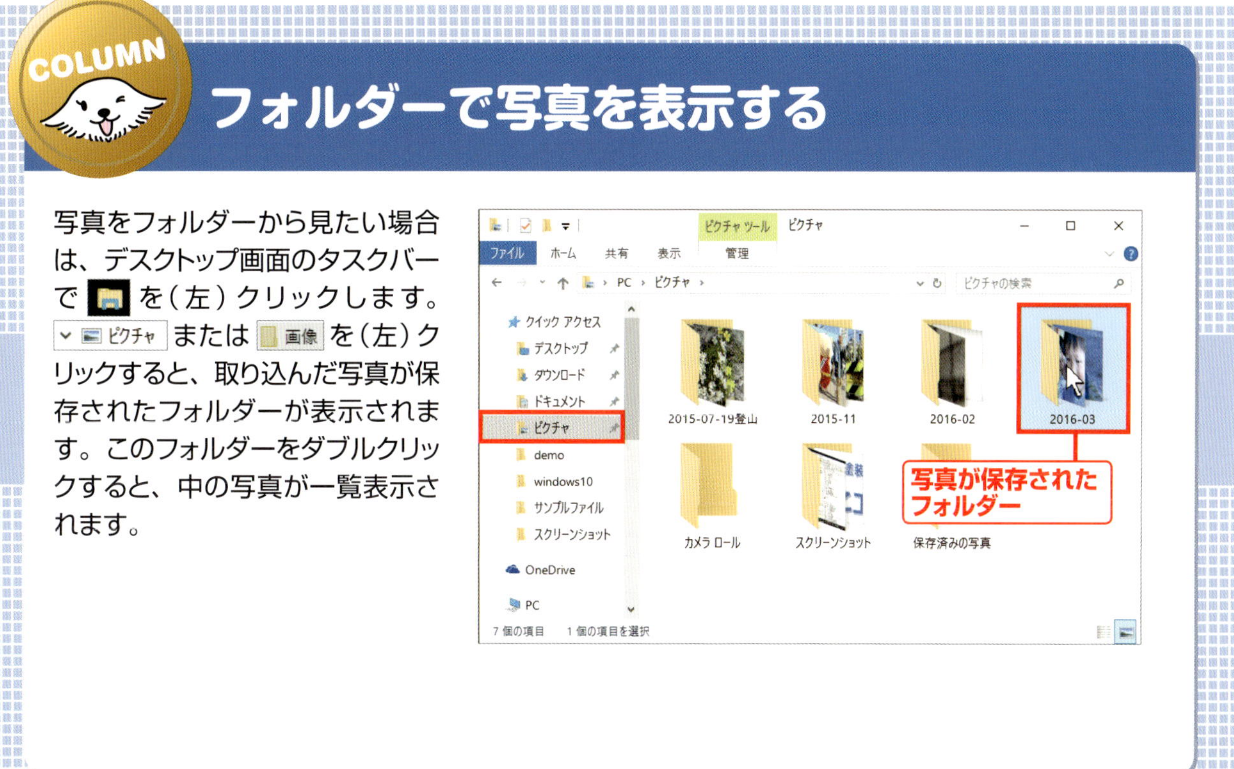

写真を印刷してみよう

次は、写真を印刷してみましょう。印刷の方法はアプリによってかなり変わってきますが、ここでは、[ピクチャ]フォルダーを開いて、写真を印刷する方法を紹介します。

キーワード
□ 写真の印刷
□ プリンター

1 タスクバーの →[(マイ)ピクチャ]の順に (左)クリックする

2 印刷したい写真の入ったフォルダーを (左)クリックする

3 Enter キーを押す

たいせつ

次の手順で複数の写真を印刷したい場合は、Ctrl キーを押しながら、写真を(左)クリックしていきます。

●**ノズルチェックパターン**　プリンターには「ノズルチェックパターン」という機能があります。印刷結果にスジや色ムラが出たら、目詰まりを起こしていないか確認できるよ。(岩本めぐ)

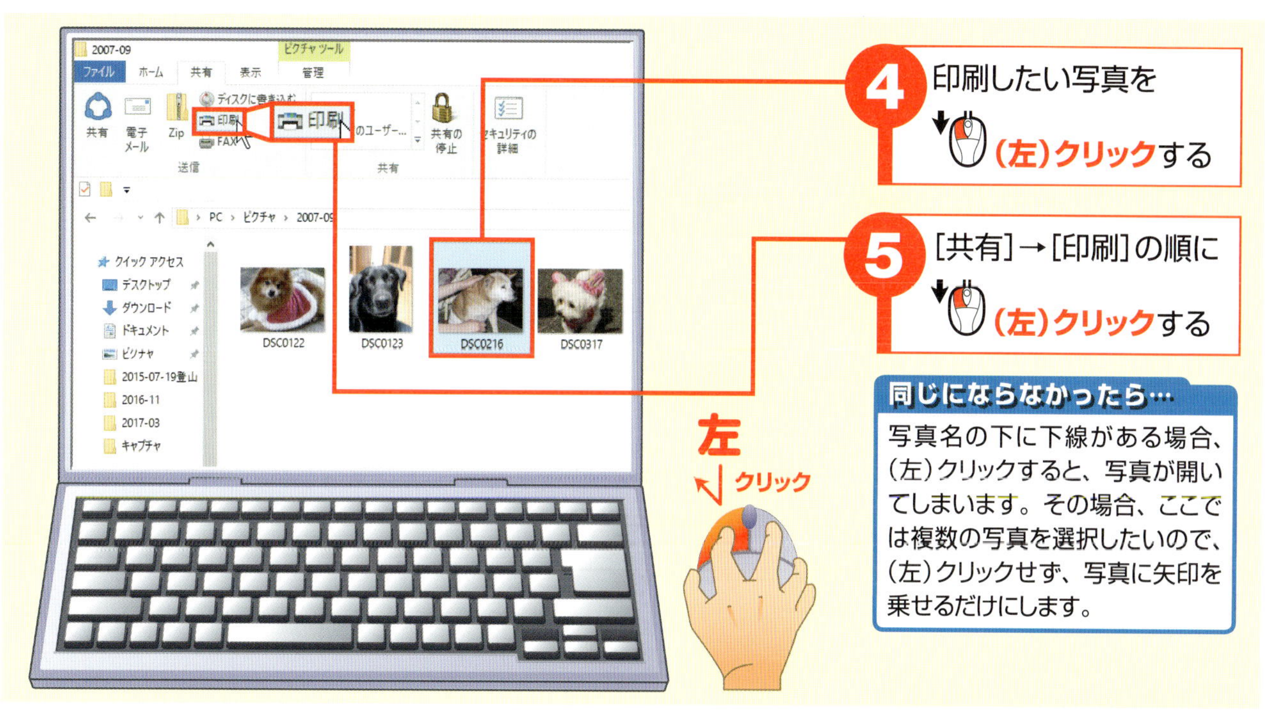

4 印刷したい写真を(左)クリックする

5 [共有]→[印刷]の順に(左)クリックする

同じにならなかったら…

写真名の下に下線がある場合、(左)クリックすると、写真が開いてしまいます。その場合、ここでは複数の写真を選択したいので、(左)クリックせず、写真に矢印を乗せるだけにします。

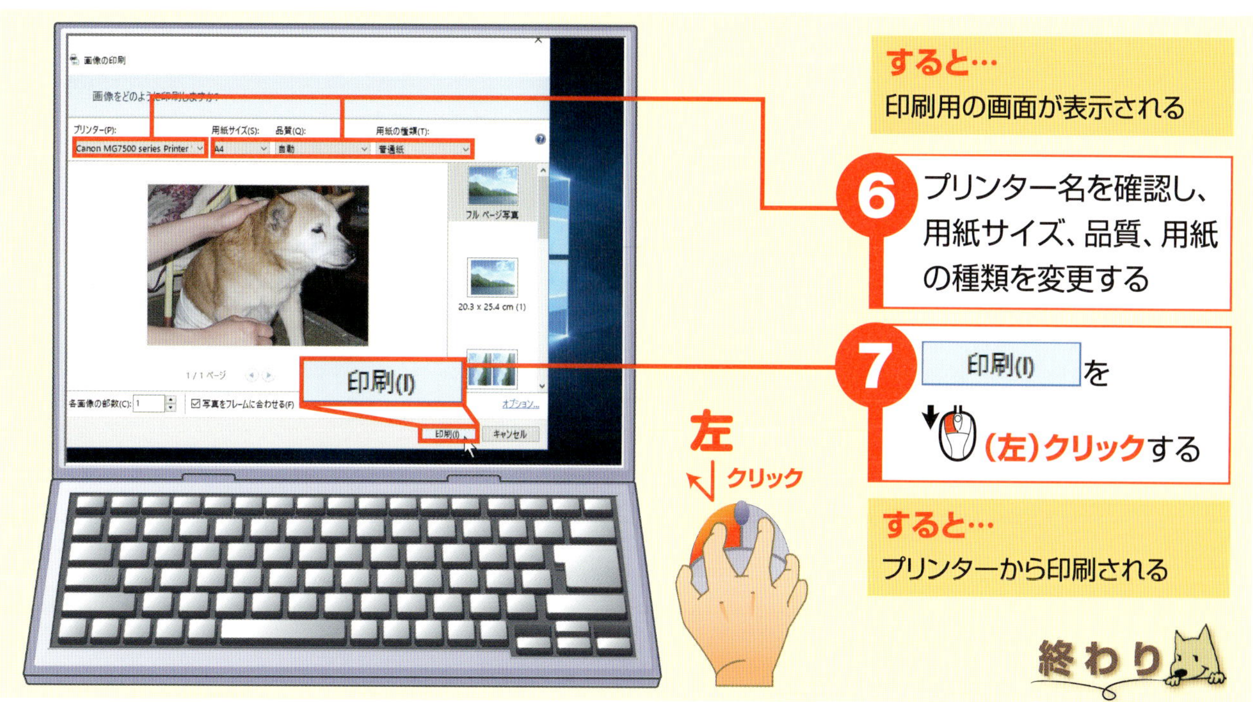

すると…

印刷用の画面が表示される

6 プリンター名を確認し、用紙サイズ、品質、用紙の種類を変更する

7 印刷(I) を(左)クリックする

すると…

プリンターから印刷される

終わり

●**ヘッドクリーニング**　プリンターのヘッドにインクを吹き付けて、目詰まりを解消する機能だよ。印刷結果がキレイじゃないときに行うんだ。(鈴木ジャック)

03 ファイルとフォルダーウィンドウを利用しよう

パソコンを長く使っていると、デスクトップやドキュメント内が文書や写真でいっぱいになります。不要なものを削除したり、フォルダーを作って分類しましょう。

キーワード
- □ファイル
- □フォルダー
- □ドキュメント

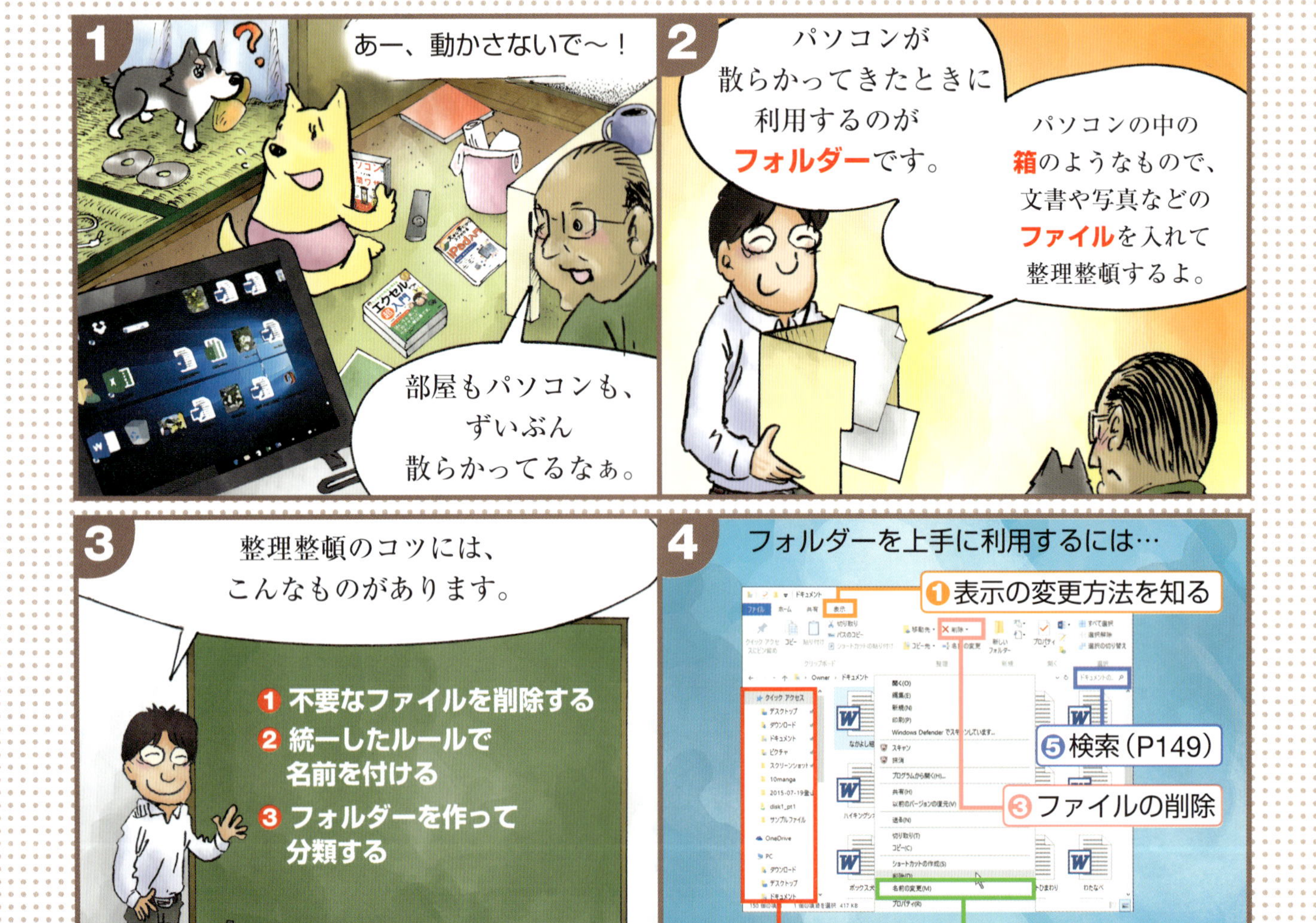

1 タスクバーの 📁 を (左)クリックする

2 [ドキュメント]を (左)クリックする

たいせつ

リボンは常に表示させていたほうが操作しやすくなります。その場合は、ウィンドウの右側の ⌄ を(左)クリックします。

すると…

[ドキュメント]の中身が表示される

❶ ナビゲーションウィンドウ

❷ タブ

[ホーム]タブには、ファイルの削除や名前の変更、[共有]タブには、印刷や圧縮・ディスクへの書き込み、[表示]タブには、表示に関する項目があります。

❸ 表示方法の切り替え

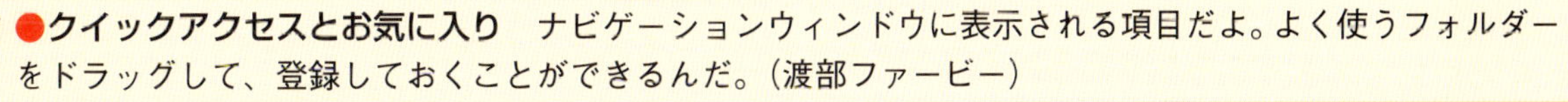

●**クイックアクセスとお気に入り** ナビゲーションウィンドウに表示される項目だよ。よく使うフォルダーをドラッグして、登録しておくことができるんだ。(渡部ファービー)

3 [ピクチャ]の左側の

> を

(左)クリックする

マニアック

ファイルを複数選択するには、Ctrlキー+(左)クリックのほかに、Shiftキー+(左)クリックや余白でドラッグして囲む方法があります。また、[表示]タブの「項目チェックボックス」に☑を付ければ、チェックボックスを使ってファイルを選択できます。

すると…

[ピクチャ]の中身が下に表示(展開)される

同じにならなかったら…

クイックアクセスにあるピクチャでは、中身が下に表示(展開)されません。

4 写真の入ったフォルダーを

(左)クリックする

すると…

フォルダーの中の写真が表示される

●**フォルダー操作のミス**　ワードやエクセルで操作ミスをした場合は (元に戻す)で戻しましたが、フォルダー操作でミスした場合は、Ctrl+Zキーを押すと1つ前の状態に戻すことができ、便利です。

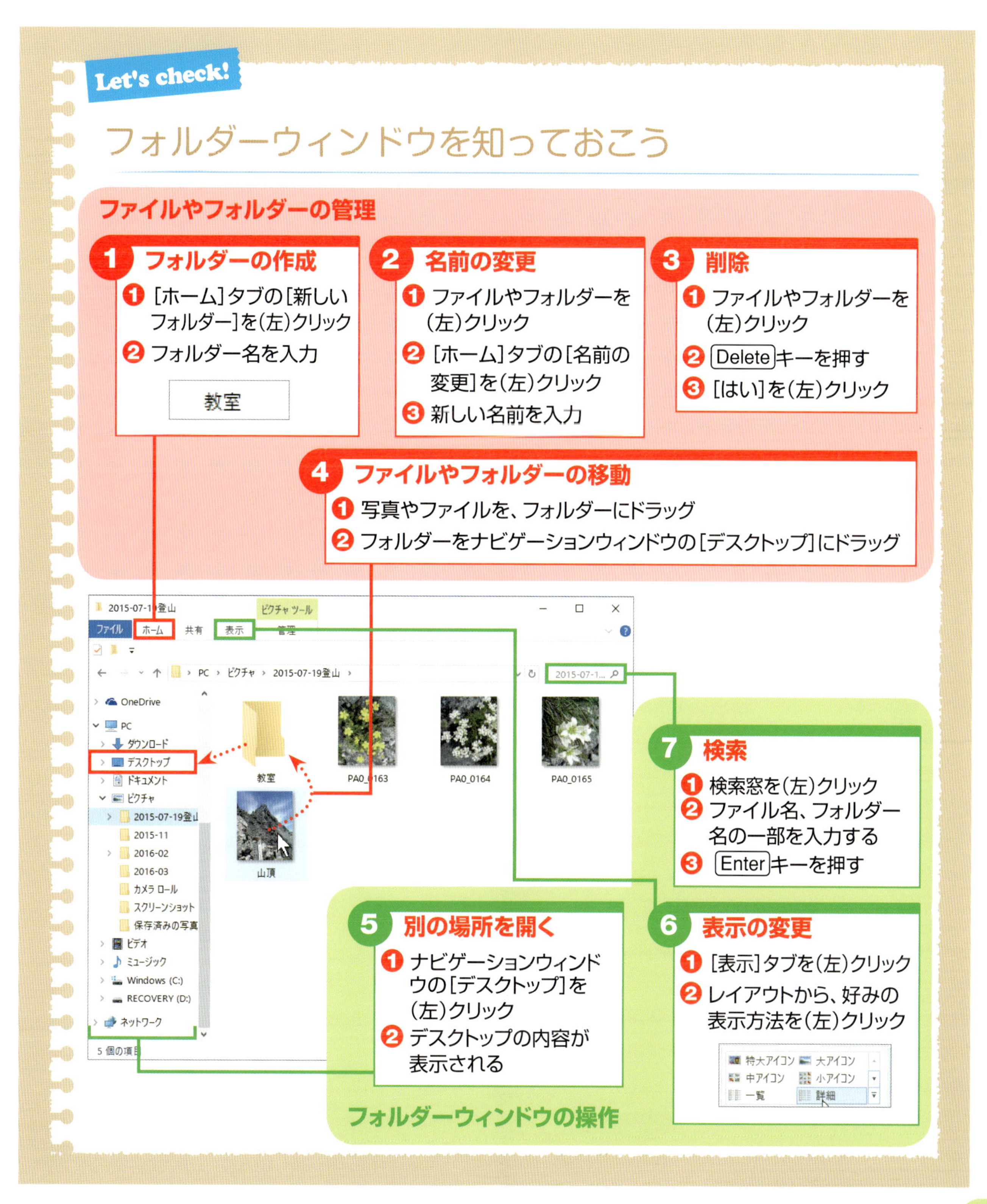

第6章 パソコンをもっと便利に活用しよう

USBメモリーを利用しよう

USBメモリーを使えば、パソコンで作成したデータを手軽に持ち運んだり、別のパソコンに移動することができます。データのバックアップとしても利用できます。

キーワード
- □ USBメモリー
- □ 送る
- □ USBメモリーを取り外す

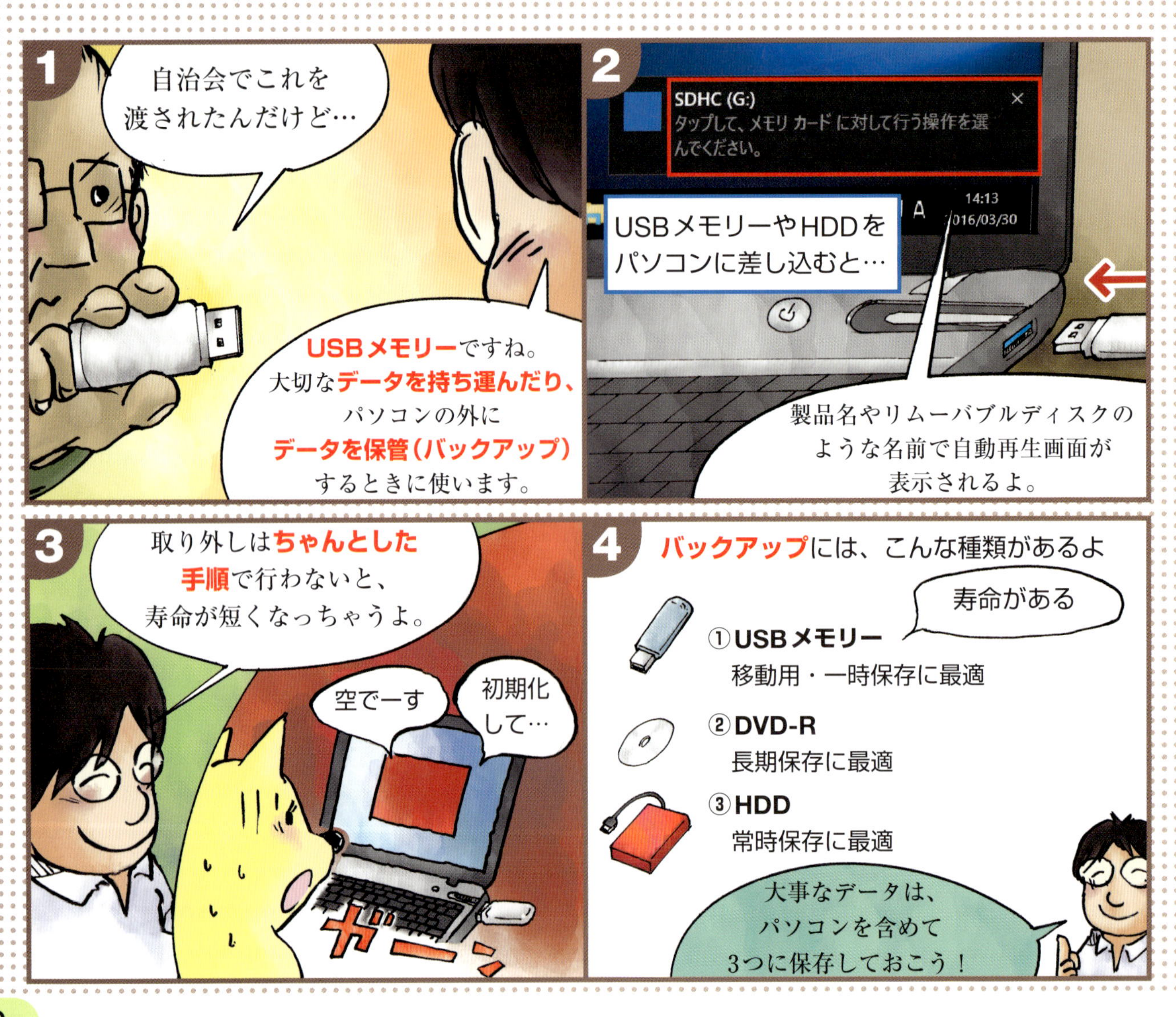

1 パソコンに USBメモリーを差し込む

すると…

自動再生画面が表示される

2 を (左)クリックする

同じにならなかったら…

自動再生画面が表示されない場合は、を(左)クリックし、左側の領域から[リムーバブルディスク]または[製品名]を(左)クリックします。

3 [フォルダーを開いてファイルを表示]を (左)クリックする

たいせつ

この操作はパソコンに記憶されるので、2度目以降は、手順4からの操作となります。

●**ドライブレター** 記憶装置の名前の後ろに付く英文字のこと。内蔵HDD(P20)は「C:」、DVDドライブは「E:」、USBメモリーは「F:」など。どの記憶装置にどの英文字が付いているか覚えておこう！(志村マリオ)

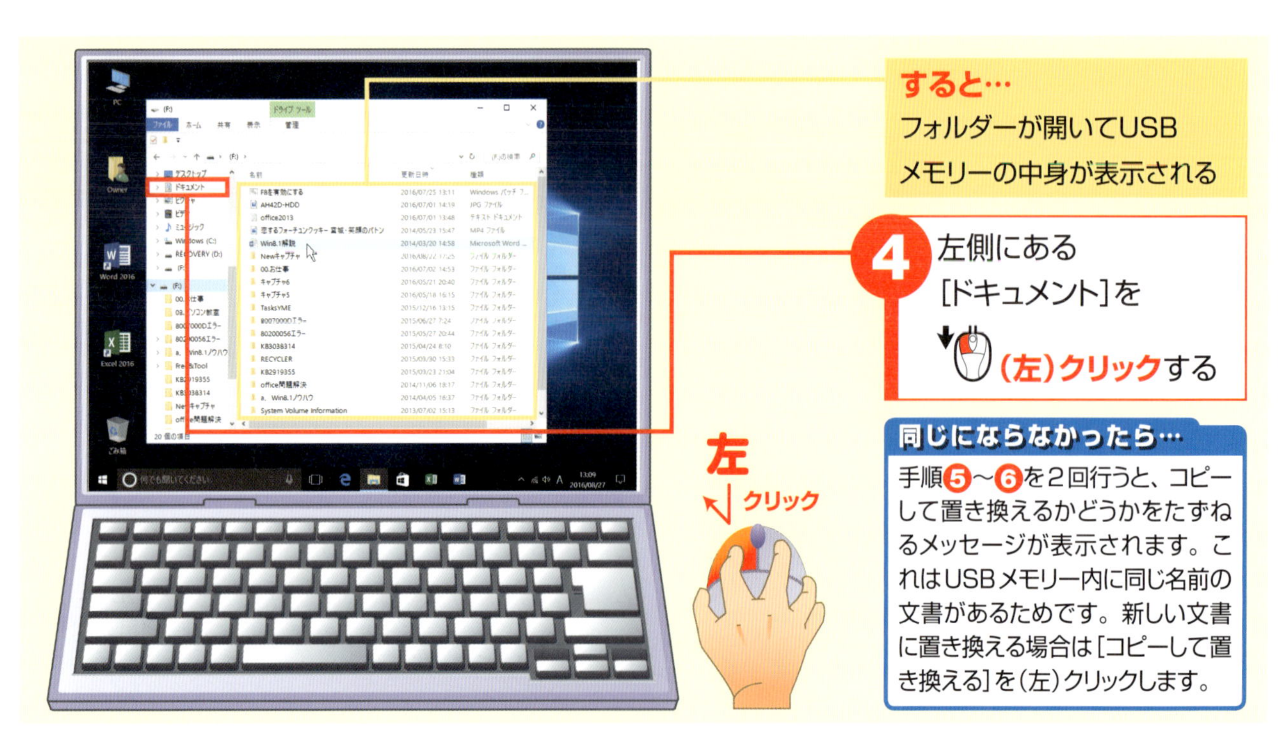

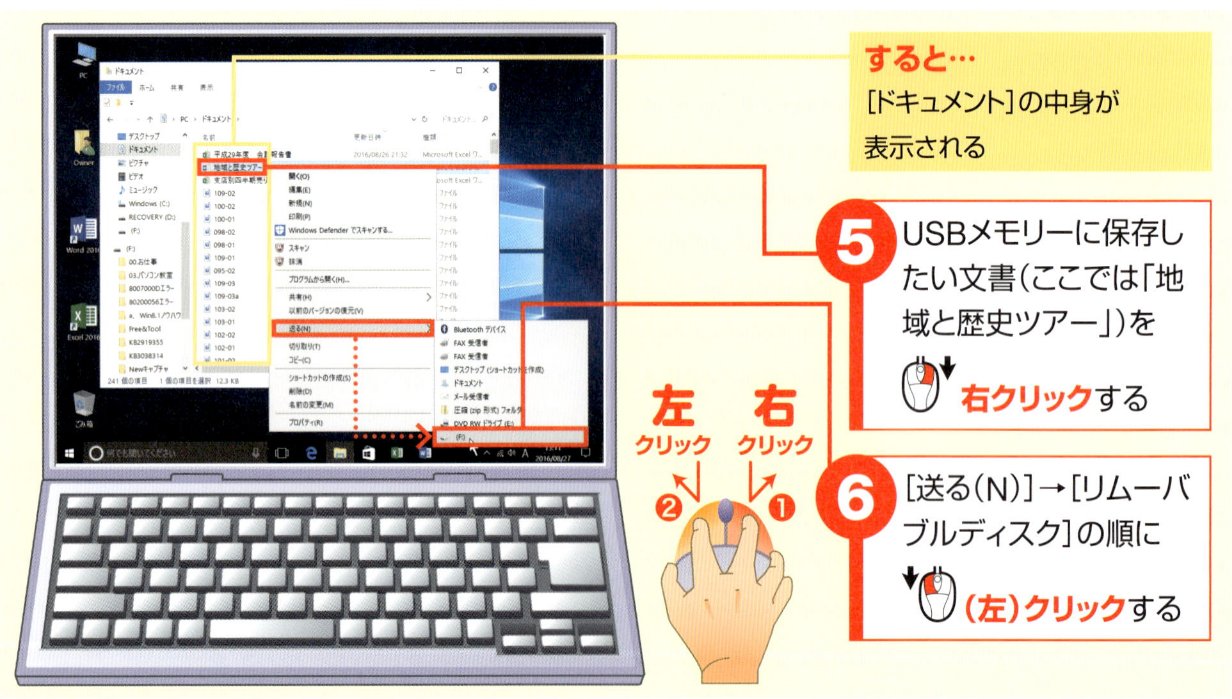

すると…
[ドキュメント]の中身が表示される
5 USBメモリーに保存したい文書(ここでは「地域と歴史ツアー」)を
右クリックする
左 クリック 2
右 クリック 1
6 [送る(N)]→[リムーバブルディスク]の順に
(左)クリックする

P104の保存時に、USBメモリーなどのリムーバブルディスクを指定して保存することもできるよ。その場合は、最新のデータがUSBメモリーにしか残らないんだ。(渡部ファービー)

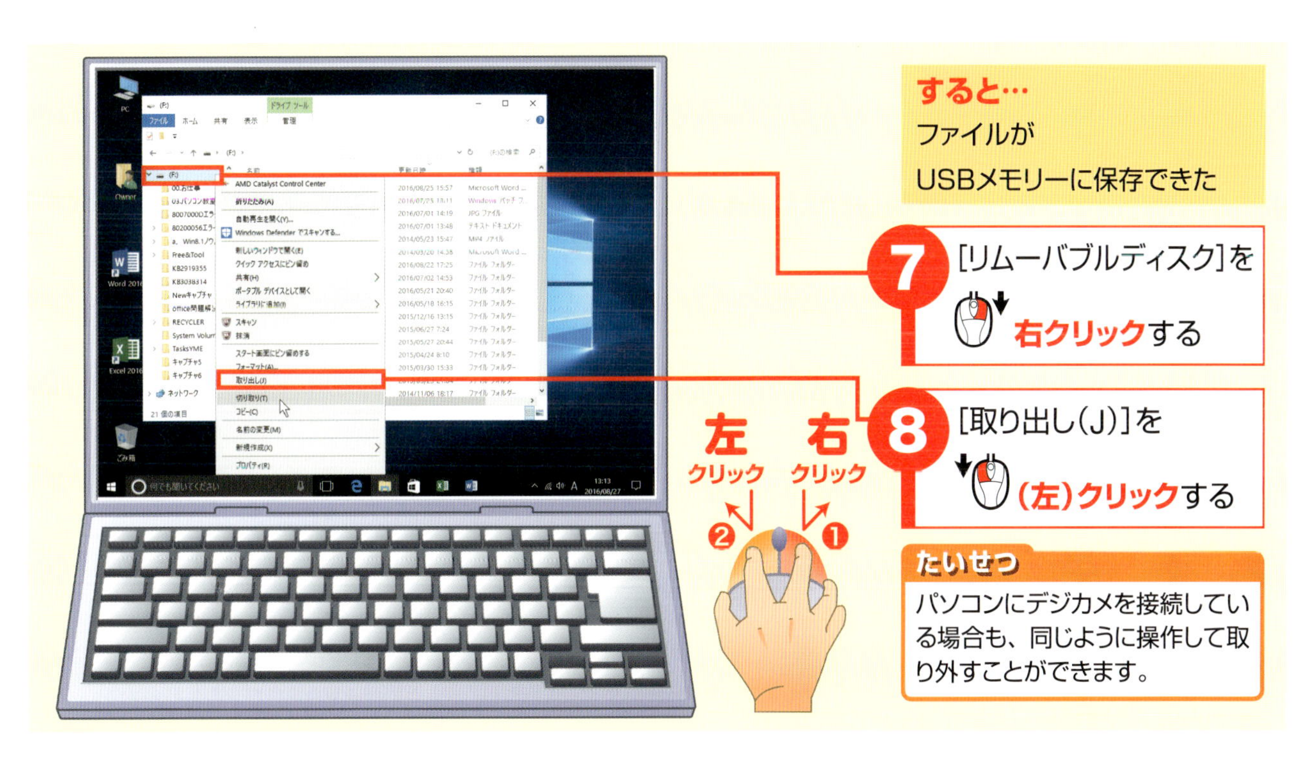

すると…
ファイルが
USBメモリーに保存できた

7 ［リムーバブルディスク］を
右クリックする

8 ［取り出し(J)］を
(左)クリックする

たいせつ
パソコンにデジカメを接続している場合も、同じように操作して取り外すことができます。

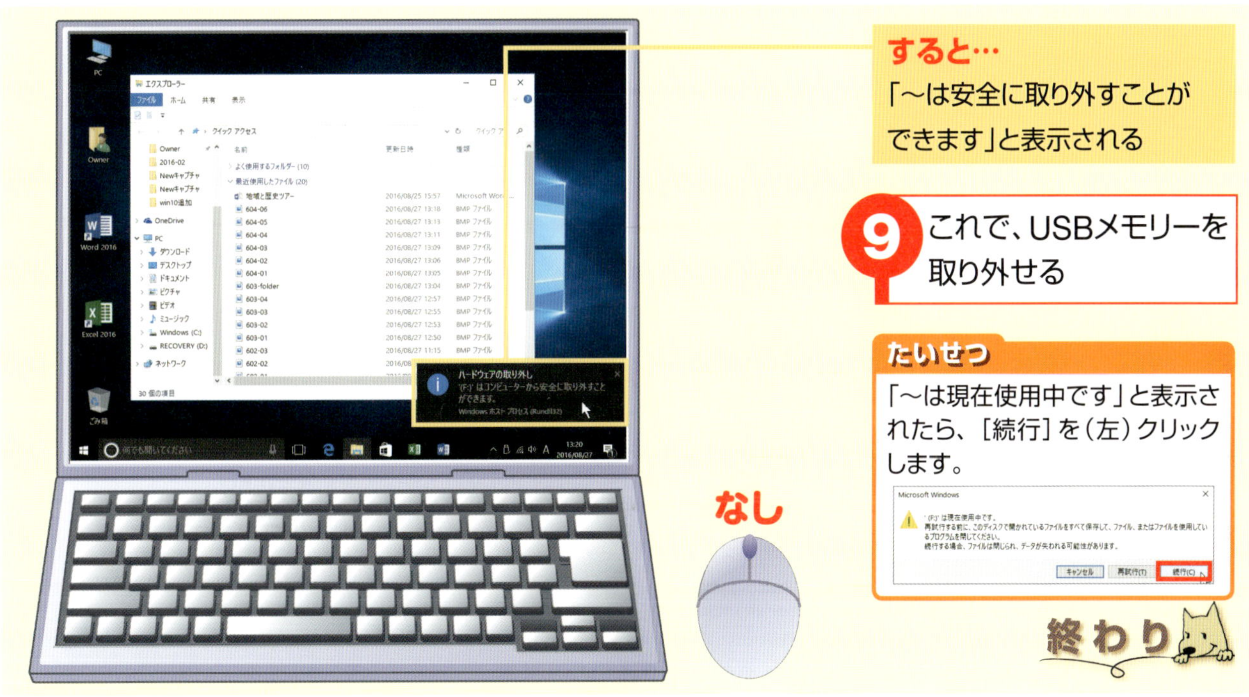

すると…
「～は安全に取り外すことができます」と表示される

9 これで、USBメモリーを取り外せる

たいせつ
「～は現在使用中です」と表示されたら、［続行］を(左)クリックします。

終わり

●**USBメモリーの寿命**　USBメモリーは、比較的壊れやすい記憶装置だよ。上の方法で取り外さないと壊れてしまうことがあるから、注意しよう。（瀬川チャッピー）

パソコンのセキュリティ

パソコンのセキュリティの状態を確認すれば、ウイルスや不正侵入、バックアップにある問題を見つけ、解決することができます。

キーワード
- セキュリティ
- Windows Defender
- ファイアーウォール

1 スタート 設定 の順に（左）クリックする

2 ［更新とセキュリティ］を（左）クリックする

たいせつ

1 システム
OSのバージョンやディスプレイの設定ができる。

2 デバイス
利用可能な周辺機器（プリンター）と接続を管理する。

3 アプリ
インストールされているプログラムやアプリを削除できる。

●**コントロールパネル** （設定）よりも、より詳しい設定ができるのがコントロールパネルだよ。［すべてのアプリ一覧］またはCortana（コルタナ）から検索して利用するよ。（清水セブ）

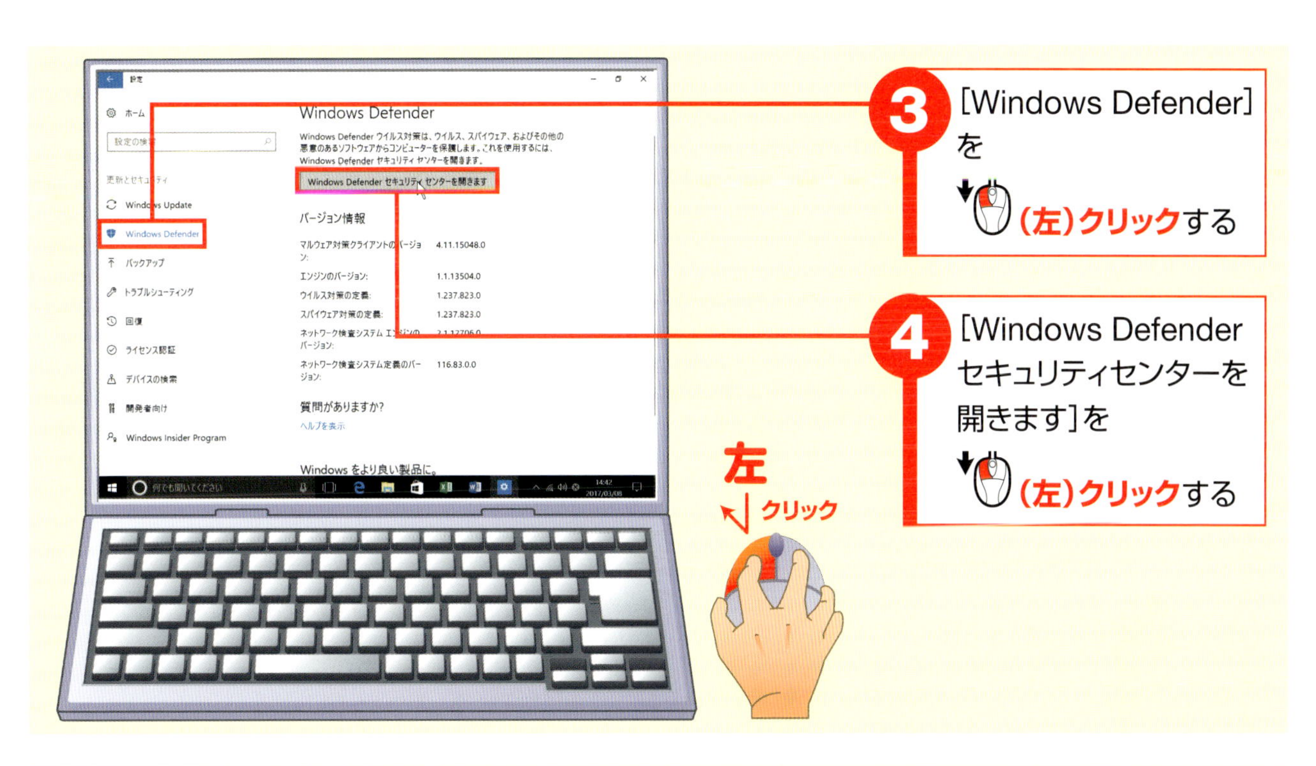

3 [Windows Defender]を (左)クリックする

4 [Windows Defender セキュリティセンターを開きます]を (左)クリックする

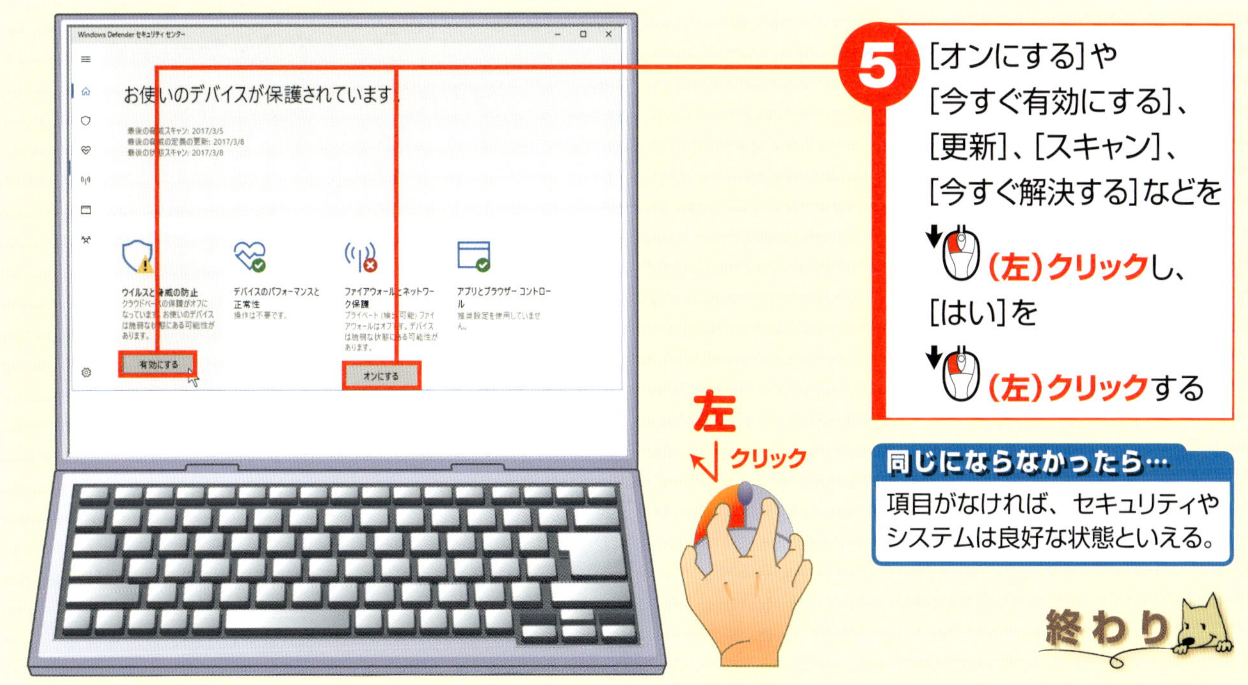

5 [オンにする]や[今すぐ有効にする]、[更新]、[スキャン]、[今すぐ解決する]などを (左)クリックし、[はい]を (左)クリックする

同じにならなかったら…
項目がなければ、セキュリティやシステムは良好な状態といえる。

終わり

●**ファイアーウォール**　セキュリティにはウイルス対策だけでなく、不正侵入を防ぐファイアーウォールや迷惑メールのブロックもあり、有料のものは、たくさんのリスクに対応できるんだ。(松岡バディ)

付録　パソコン用語集

● PDF

ファイルの種類の1つ。どのパソコンでも開くことができることと、**レイアウトが崩れない**特徴がある。パソコンだけでなくタブレットやスマホでも開くことができる。ワード(.docx)やエクセル形式(.xlsx)では、ワードやエクセルを持っていない人は開くことができないよ。役所の書類などもこのPDF形式で配布されていることが多いんだ。

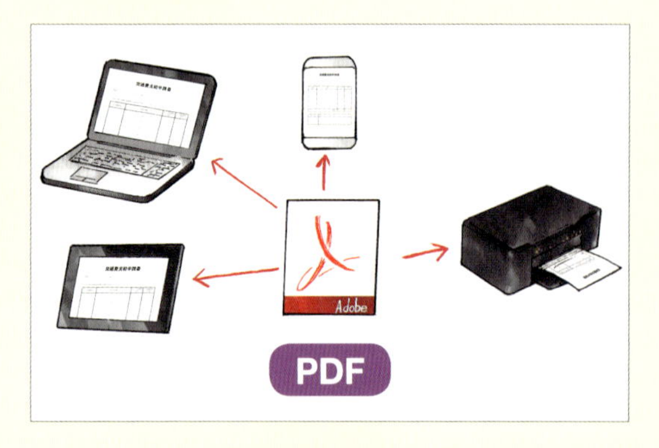

ファイルをPDF形式にするには、ワードやエクセルの保存時に、ファイルの種類をPDFにすればよいよ。

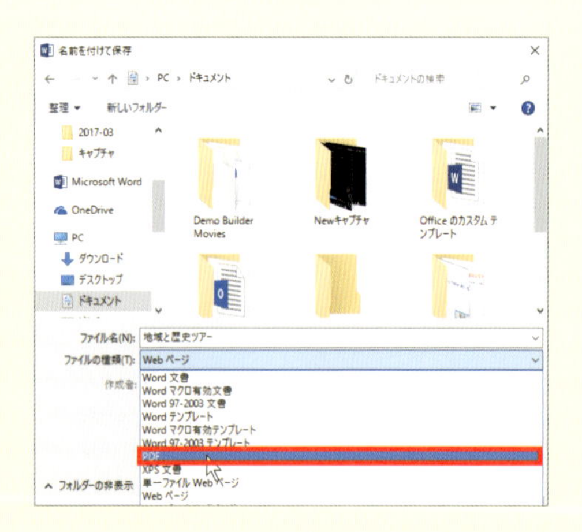

● アップグレード（新機能版買い替え）とアップデート（更新）

アップグレードとは、現在使用しているものをさらに高機能なものに変更し性能を高めることだよ。例えば筆王15を筆王16にすることをいうよ。

アップデートはアプリの不具合などを修正すること。主にインターネットを経由して**自動でダウンロードと更新**作業が行われる。

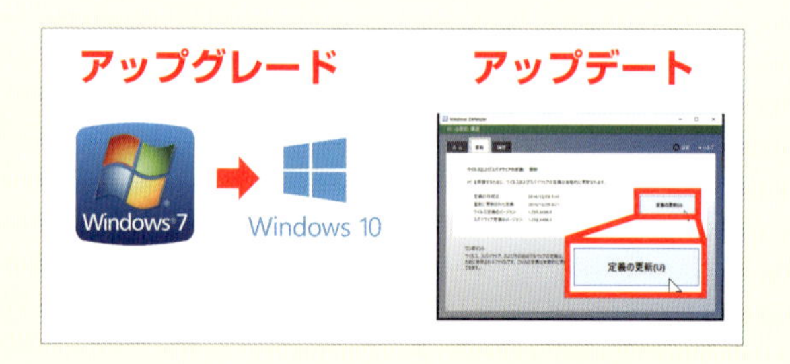

● アンインストール（プログラムの削除）

不要なアプリを削除すること。［設定］(P154)からアプリを削除（アンインストール）できる。

国内メーカーのパソコンには最初に多くのアプリがインストールされていて、パソコンの動作が遅い原因になっていることもある。そこで不要なアプリは削除しておくとよいよ。

不要だと思われるアプリの一例

- @nifty、Biglobe、OCNなどのプロバイダー等の入会アプリ
- セキュリティソフトの体験版など
  例：マカフィー
- 付属品として入ってきたもの
- なんらかのサービスを受けたり、ダウンロードしたときに入ってしまったもの
  例：○○ユーザー登録、j-Word、○○ツールバー
  - 使用頻度が低い、正常に起動しないもの

削除してはいけないアプリ

- **マイクロソフト関連のもの**
- **よくわからないアプリ**

● 圧縮と展開

画像や書類の**容量を小さくする**ことを圧縮と呼ぶよ。圧縮には、複数のファイルを**1つにまとめる**という特徴もある。だから、インターネットで複数の写真や書類を受け取る場合に、圧縮されていることがあるんだ。それを元の状態に戻すことを**展開**と呼ぶ。

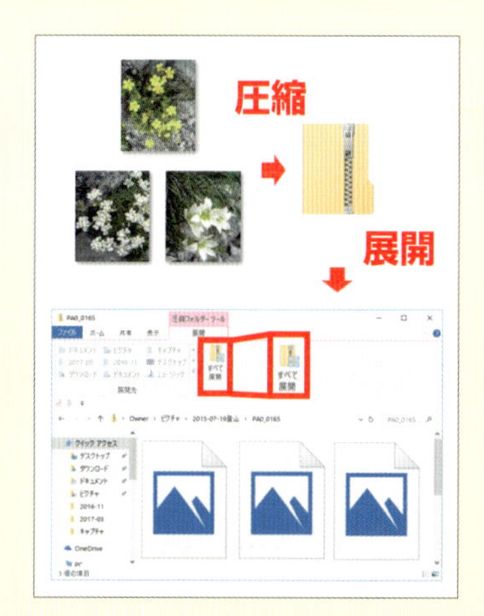

圧縮されたファイルを展開するには、圧縮されたファイルを開き、[すべて展開]を(左)クリックする。
圧縮をするには、フォルダーを開き、❶ファイルを選択(Ctrlキーを押しながら(左)クリックすると複数のファイルを選択できる)。❷[共有タブ]→[Zip]を(左)クリックする。

● インターネットショッピング

インターネットを通して買い物をすること。商品やお店の評価(レビュー)を確認して購入ができるメリットがある。不安な場合は、次のようなことに注意してね!

- **商品とお店の情報をスクロールしてよく確認する**

送料、支払手数料、支払い方法、サイズや色、在庫、返品条件、問い合わせ先があるか確認しよう

- **商品画面と注文確認画面を印刷しておく**
- **支払いは代金引換が安心。残高以上引き落としがないAmazonカードやVISAデビットなどもおすすめ**
- **入力画面が暗号化されているか確認する**

個人情報を入力する画面で、アドレスバーがhttps～から始まっているか、錠のマークがあるか確認しよう

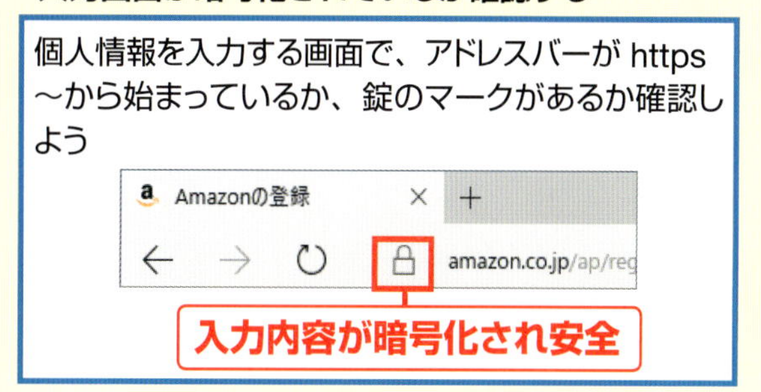

● 解像度

写真やイラストのきめの細やかさのこと。単位はdpi。混同されるものに画像サイズがあり、こちらは1080px×720pxというように2つのpxで表されるよ。

● 拡張子

ファイルの末尾に付いている「.+英数字」(通常は見えない)。拡張子に応じて、ファイルはさまざまなアイコンになっている。「.docx」が付いているとワードと判断されて、ワードで開かれる。「.jpg」の場合は、フォトやペイントなど、パソコンの種類により違うアプリで開かれる。

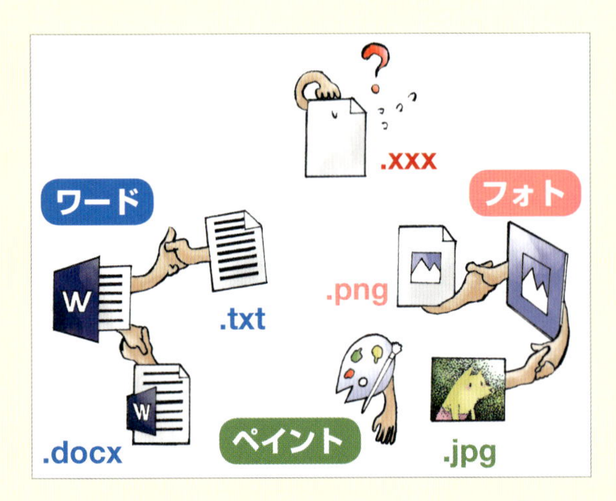

拡張子を確認するには、フォルダーを開き、❶[表示]タブの❷[ファイル名拡張子]にチェックを付ける。

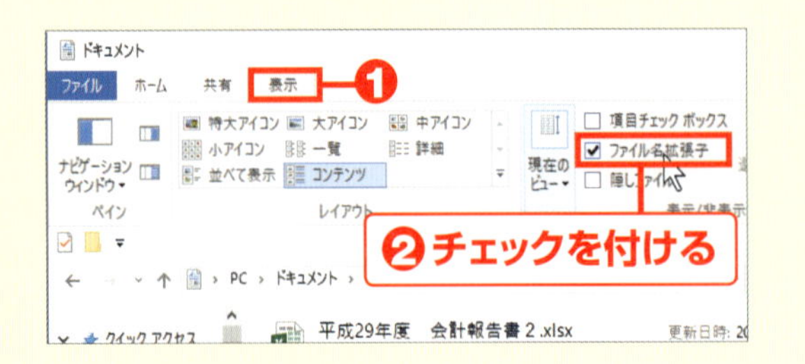

● クラウド

インターネット上のサーバー(情報庫)にデータを保存しておく機能のこと。

マイクロソフトのクラウドはOneDrive。保存時に指定することで、インターネットを経由して、ほかのパソコンからも確認できる。利用にはP47で登録したMicrosoftアカウントでサインイン(入室)している必要がある。

● タスクマネージャー

パソコンが遅かったり、アプリが反応しない場合に、システムの状況を確認することができる。

Ctrlキーと Shiftキーと Escキーを同時に押すか、タスクバーで右クリックして、[タスクマネージャー(K)]を(左)クリックすると表示されるよ。

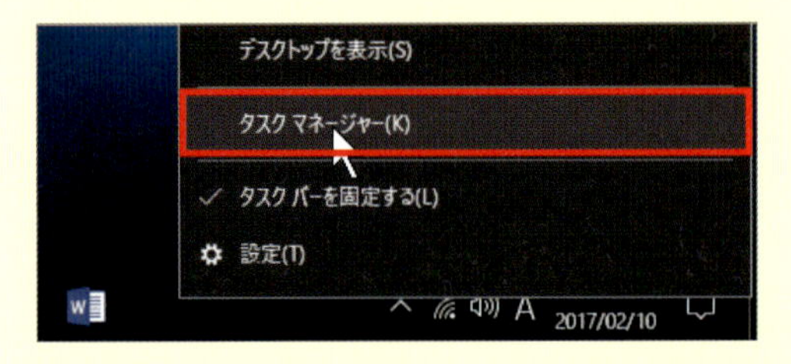

[詳細(D)]表示にして、❶[プロセス]タブを(左)クリックして、CPUやメモリの使用率を確認する。❷行タイトルを(左)クリックすると、使用率が高いものが上位に表示されるので、(左)クリックし、❸[タスクの終了(E)]を(左)クリックする。

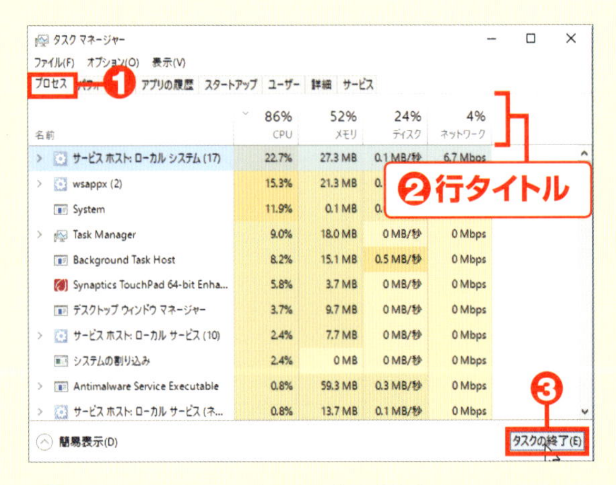

❹[パフォーマンス]タブを(左)クリックすると、CPU、メモリ、イーサネット(インターネットのこと)

の使用率をグラフで確認できる。

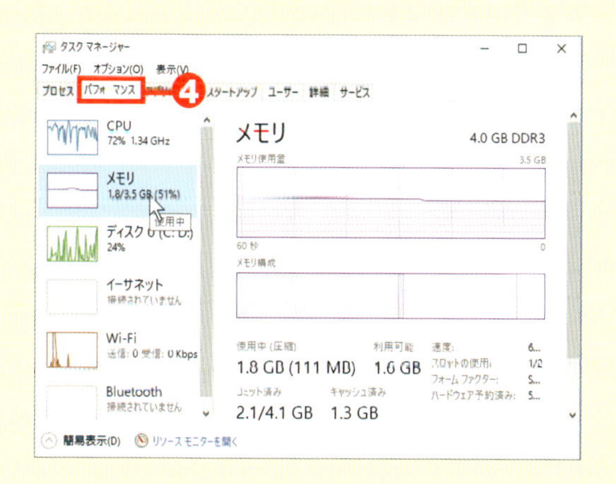

●テンプレート（雛型）

見積書や確定申告書など、1から作らなくてもすでに用意されているファイルのことをテンプレート、または雛型と呼ぶ。空白になっている所だけに入力していけばよいんだ！

●常駐ソフト

パソコンの起動と同時に立ち上がるソフトのこと。パソコンが遅くなるのはこの常駐ソフトが多くなったことが原因の場合が多い。通知領域で確認できるものやダイアログボックス（P29）を表示するものなど、種類はさまざま。タスクマネージャーの❶［スタートアップ］タブで確認、❷［無効にする（A）］こともできる。

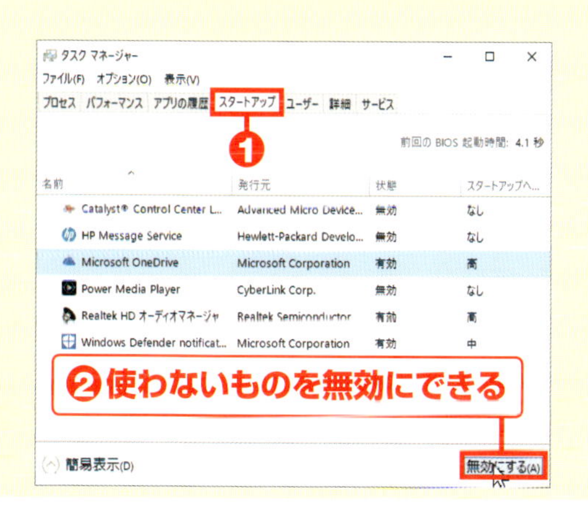

●ドライバーとデバイス

USBメモリーやマウス、プリンターなど（ここではデバイスと呼ばれる）をパソコンに接続するときに仲介してくれる機能のこと。ドライバーが仲介することで、周辺機器を利用できる。通常は自動、またはインターネットを介してインストールされる。プリンターは、CD-ROMを入れることでドライバーを入れる。
ドライバーを確認するには、デスクトップにある［PC］を右クリックし、［管理（G）］→［デバイスマネージャー］の順に（左）クリックするんだ。

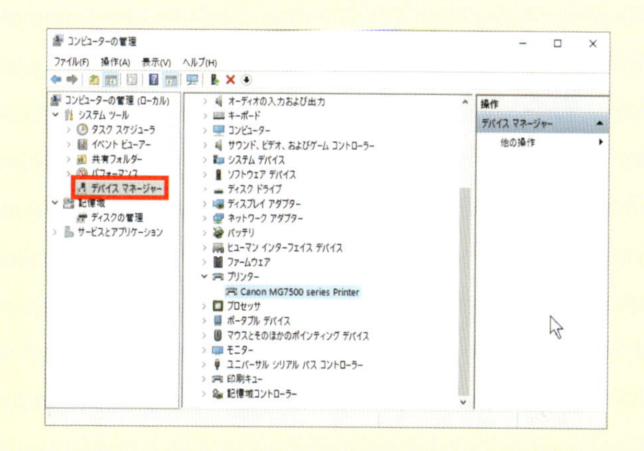

●パスワード

パソコンを利用する際に、さまざまな場面で必要になる。ひとことにパスワードといっても、**何のパスワードか**をしっかり把握しよう。例えば、パソコンの起動時に入力するパスワードは、ローカルアカウントのパスワードかMicrosoftアカウント（P47）のパスワードのいずれかになる。
パスワードをメモなどに残しておく場合は、アカウント名や登録時に入力したメールアドレスとともに、**どのサービスのパスワードか**も一緒に記載しておこう。

■著者略歴

たくさがわ　つねあき

1977年　東京都西多摩育ち
これからはじめる超入門シリーズ
たくさがわ先生が教えるシリーズの著者
"難しいをやさしく"をモットーに、ものごとをより
わかりやすく解説するインストラクターとして活躍
わあん代表

カバーデザイン　田邉恵里香
本文デザイン　和田奈加子（roundface）
マンガ／イラスト　たくさがわつねあき
本文図版　㈱アット　イラスト工房
制作　渡辺陽子
編集　大和田洋平・渡辺陽子
技術評論社ホームページ　http://book.gihyo.jp/
賞状テンプレート提供　東陽印刷所
http://www.toyo-pri.jp/template1/

パソコンを使っていて困ったり、やりたいことが出てきたら…
パソコン教室に行ってみてもよいかもしれません。

この本の作者、たくさがわ先生のパソコン教室に
メッセージを！
"難しいをやさしく"…パソコンをこれから始める、始めたばかりの超初心者の方のお手伝い。東京都西多摩地区限定です。

わあんパソコン教室
メールアドレス　ttakusa@gmail.com

たくさがわ先生お勧めのパソコン教室がこちらです！
全国に教室があります
パソコン教室　わかるとできる
日本全国、パソコン資格・検定・趣味系・実務系講座！超初心者の方からご年配の方まで幅広く学ぶことが出来る生涯学習の「パソコン教室わかるとできる」
ホームページ　http://www.wakarutodekiru.com

たくさがわ先生が教える パソコン超入門［Windows 10 & エクセル & ワード対応版］

2017年 5月5日　初版　第1刷発行

著　者　たくさがわ　つねあき
発行者　片岡　巌
発行所　株式会社技術評論社
東京都新宿区市谷左内町21-13
電話　03-3513-6150　販売促進部
03-3513-6160　書籍編集部
印刷／製本　共同印刷株式会社

定価はカバーに表示してあります。

本書の一部または全部を著作権法の定める範囲を越え、無断で複写、複製、転載、テープ化、ファイルに落とすことを禁じます。

©2017　たくさがわ　つねあき

造本には細心の注意を払っておりますが、万一、乱丁（ページの乱れ）や落丁（ページの抜け）がございましたら、小社販売促進部までお送りください。送料小社負担にてお取り替えいたします。

ISBN978-4-7741-8890-4 C3055
Printed in Japan

■問い合わせについて
本書の内容に関するご質問は、下記の宛先までFAXまたは書面にてお送りください。なお電話によるご質問、および本書に記載されている内容以外の事柄に関するご質問にはお答えできかねます。あらかじめご了承ください。

〒162-0846
東京都新宿区市谷左内町21-13
株式会社技術評論社　書籍編集部
「たくさがわ先生が教えるパソコン超入門［Windows 10 & エクセル & ワード対応版］」質問係
FAX番号　03-3513-6167

なお、ご質問の際に記載いただいた個人情報は、ご質問の返答以外の目的には使用いたしません。また、ご質問の返答後は速やかに破棄させていただきます。